大気中に現れる
さまざまな虹

大きくそそり立つ高い虹 1999年8月8日、徳島県石井町、著者撮影

半円弧を描いてそそり立つ虹は、日出、日没など太陽の位置が低いときに現れる。

太陽の位置で変わる虹の高さ

太陽が低い位置にあるときは高い虹になる(左)。

一方、太陽が高い位置にあるほど、虹は頭の部分しか現れず、低い虹となる(上・右)。

上—2006年8月、請島、管洋志撮影、写真提供＝管洋介

左—2007年7月、与路島、管洋志撮影、写真提供＝管洋介

右—1996年5月1日、徳島県吉野川市、著者撮影

強い光がつくる２重の虹（左）

太陽の日差しが強いときには、
主虹の外側にうっすらと
副虹が現れる。
主虹は外側が赤、内側が紫、
副虹は外側が紫で内側が
赤と、色の順番が逆となる。

上—1999年8月8日、
徳島県吉野川市、著者撮影
下ー2010年8月、
徳島県石井町、著者撮影

空へ並び立つ２重の虹（右）

高台から見ると、半円弧の下まで続く
大きな虹が現れる。

右—撮影日不明、
徳島県三好市塩塚高原、
写真提供＝米沢美千代

反射光によるもうひとつの虹

2007年8月25日、アメリカ合衆国ワシントン州、Terry L. Anderson

太陽を背にした背後に湖などがあるとき、水面で反射した光によって、もうひとつの虹が現れる。
写真では外側の虹。内側の虹は主虹。

光の干渉でできる過剰虹（上） 2012年7月7日、栃木県さくら市、写真提供＝平山尋直

主虹の内側近くにつけ足したように見えている虹。波としての光の性質によって幾重にも現れる。

ほぼ直線に横たわる環水平アーク（下） 2005年5月19日、徳島県阿南市、写真提供＝中道和生

雨上がりでもないのに、太陽の方向に、ほとんど水平上向きに反れて虹色が現れる。
通常の虹とはしくみが異なる。

虹色の輪が現れるブロッケン現象

上—撮影日不明、徳島県三好市塩塚高原、写真提供＝米沢美千代　下—2005年8月、カナダ上空、Brocken Inaglory

霧や雲による光の回折現象で現れるもので、通常の虹とはしくみが異なる。
上は山頂から、下は飛行機から見たもの。輪の中心に見る人の影が見える。

「ひと」BOOKS

授業

虹の科学

光の原理から人工虹のつくり方まで

西條敏美

太郎次郎社エディタス

【授業】虹の科学―光の原理から人工虹のつくり方まで **目次**

凡例—本文下の*、**は脚注、本文中の★☆は参考文献です。
参考文献は巻末の[文献案内]にまとめてあります。

はじめに

みなさんは、虹を見たことがありますか。見たいと思っても、なかなか見ることができませんね。出ていても、室内にいて気づかないのかもしれません。

少し注意して思い起こしてみると、にわか雨が降ったあとに雲間から太陽が出ていることが、虹がかかる条件であることがわかります。これがわかっていれば、室内にいても外に飛びだしていって、注意して探せば、案外、虹は出ているものです。しかし、出ていなかったことがあるかもしれません。なぜなのでしょうか。条件が整っていても、虹はどこかで待機して、休んでいるのでしょうか。1日のうちで、虹が見える時間帯というのがあるのでしょうか。

大空にくっきりと、鮮やかな色を映しだして大きな虹がかかると、胸躍ります。そんな虹がかかったときに、もっと上のほうへ目をやると、たいていもうひとつ虹がかかっています。2重の虹ですね。一般に、内側のふつうの虹を主虹、外側の虹を副虹とよんでいます。主虹の色はくっきり鮮やかであっても、副虹の色は薄いようです。主虹の色がうっすらしているような場合には、副虹は見つけられません。どうして、主虹と副虹という2重の虹が現れるのでしょうか。なぜ、副虹の色は薄いのでしょうか。虹の色の順番はどうなっているでしょうか。2重の虹が現れるのであれば、3重の虹、4重の虹というのも現れるのでしょうか。

虹は7色といいますが、数えてみたことはありますか。赤・橙・黄・緑・青・藍・紫と数えようとしても、その区別がはっきりしなくて、4色、5色くらいだったことがあるかもしれません。ほんとうに虹は7色といえるのでしょうか。ときに赤い虹や、白い虹だって現れますから、疑ってみる必要があります。

また、虹は、大きくなったり、わりと小さくなったりします。ときに、高いところにかかったり、低いところとにかかったりする、というのも不思議です。

大きな虹がかかったとき、そのトンネルをくぐろうとして近づいていったり、その根元はどうなっているのか確かめるために、虹に向かって走ったりした経験はありませんか。しかし、まだだれからも、成功したという話を聞きません。
アーチ型の虹を見て、まんまるい虹が見えないのかという想像を働かせた人も多いのではないでしょうか。

虹って、ほんとうに不思議がいっぱいですね。どこが不思議か、かつて高校の物理の授業で、生徒のみなさんに紙片に書いてもらったことがあります。じつにいろいろな不思議を書いてくれて、それらの紙片には、虹の不思議がつまっていました(pp.16-17)。
この本では、そのなかから、つぎの7つの不思議をとりあげ、それぞれを解き明かします。

Q1—なぜ、色のついた光の帯が空に見えるのか?
Q2—どうして、2重の虹が見えるのか?
Q3—いつ、どこに見えるのか?
Q4—虹の大きさは違うのか?
Q5—なぜアーチ型なのか?　丸い虹は?
Q6—虹のアーチをくぐれるか?
Q7—虹は7色か?

そのほかの不思議も、本文で折々に考えていくことにします。

これらの虹の不思議を解き明かすには、どうすればよいでしょうか。
まず、虹は、にわか雨が降ったあとの雨上がりの空にかかるということははっきりしています。雨が降りつづいている最中とか、晴れわたったよい天気のときには、虹は現れません。雨上がりの空にかかるということは、空には水滴が残っていて、太陽が出ているときに虹が現れるということになります。太陽の光には水滴を蒸発させてしまう働きがあり、水滴には太陽の光を遮(さえぎ)ってしまうという働きがあります。それにもかかわらず、太陽が出て、水滴がまだ空に残っているという、その微妙なバランスが保たれているときに、虹は現れることになります。

ひとことで言えば、水滴に当たった太陽の光はどうなるかということ、光と水滴との相互作用を究明することが、虹の不思議を解き明かす鍵になるといえそうです。このためには、光と水滴の性質、とりわけ光の性質を十分理解しないといけません。そのうえに立っての両者の相互作用の究明ということになります。

ただ、この不思議を解き明かす方法には、いくつもの難易度の段階があります。ごく基本的な原理の定性的な理解から、数学、それも現代数学を使っての定量的な理解まで、いくつも段階があります。ここで、虹の研究はその時代時代の科学の先端研究のテーマだったことをお伝えしておきます。著者が虹に興味をもつようになった動機のひとつに、虹のしくみを解き明かすための必要から「虹積分」という数学の関数がつくられたということ、虹を理解するためには量子力学の知識まで必要だと聞いたことがあげられます。

しかし、この本では、小学校の理科から高校の物理程度の段階を考えています。数式は最小限にして、作図や実験などをとおして、眼で理解できるように努めました。

虹の不思議を解き明かすことは、じっさいのところ平坦な道のりではありません。しかし、夢あふれ、胸躍る道のりだといえます。最後にどのような頂上に行き着くのか、期待しながらともに歩んでいきましょう。

虹について不思議に思うこと
高校生たちのメモから

虹は なぜ 弓型 なのだろうか!?

・どうして 7色 あるのか。?

・どのようにしてにじができるのか。

にじ.が かかっている 真下に 行ってみたり,
どっから 見ても、遠くに あるのは なぜか,
なぜ. あんな、きれいなのか.

虹のはしはあるのか、
どれくらいの大きさか.

にじの下の方はどうなっているのか?

どうしてあんなにいろんな色を
だせるのか. オーロラもいろんな
色をだすが 何か共通点があるのか

虹を上から見ると丸く見えると聞いたことがあるのだが
なぜ上から見るのと下から見るのでは形が
ちがうのだろう

7色というが　実際は　4色ぐらいしか見えない
のはどうしてか。

3. なぜ乾燥しているときはでないのか？

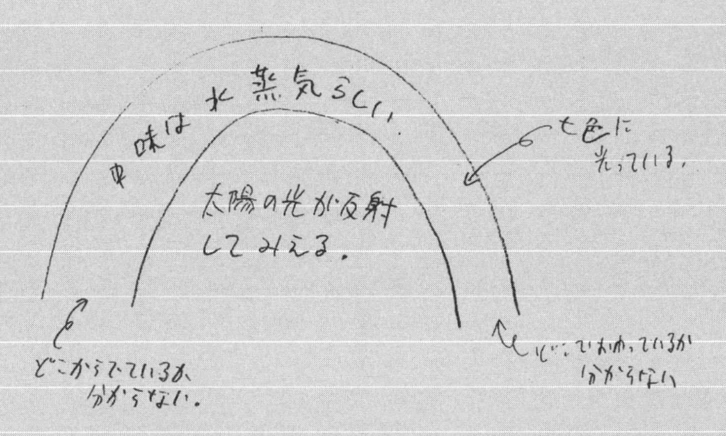

雨の後によくみえる。

- なんで　いつも七色で　色が決まっているのか。
- 飛行機の（空の）通路に虹があったら
  どうするのか。中をとうれるのか

- どうして雨上がりの時だけ
  に見えるか。

小さかったころ　にじの根元に行こうと　走りまわった
こともあったが　全然近づけなかった。
今でも　不思議に思っている

My Heart Leaps up when I Behold

William Wordsworth

My heart leaps up when I behold

　　A rainbow in the sky.

So was it when my life began;

So is it now I am a man;

So be it when I grow old,

　　Or let me die!

The Child is father of the Man;

And I could wish my days to be

Bound each to each by natural piety.

虹

ワーズワース

わが心はおどる

虹の空にかかるを見るとき。

わがいのちの初めにさなりき。

われ、いま、大人にしてさなり。

われ老いたる時もさあれ、

さもなくば死ぬがまし。

子供は大人の父なり。

願わくばわがいのちの一日一日は、

自然の愛により結ばれんことを。

（『ワーズワース詩集』田部重治訳、岩波文庫、1938、p.92）

ワーズワース（1770-1850）

イギリスの詩人、湖畔詩人のひとり。この詩は1802年3月作。

第1章 直進する光
光と水滴の基礎知識1

虹は太陽の光と水滴との相互作用でできる現象ですから、遠回りのようであっても、光と水滴の性質、とりわけ光の性質をさきに学んでおくのがよいです。そして、水滴に当たった太陽の光がどのようなふるまいをするかを解明することが、課題となります。この課題を解明できれば、虹の不思議Q1 ～ Q7は、一挙に解決できるでしょう。急がば回れ、です。
まずは光の基本性質、直進、反射、屈折など幾何光学で扱える性質を学び、これを水滴にあてはめてみます。実験や作図学習も用意していますので、やってみてください。

フレデリック・エドウィン・チャーチ
「熱帯地方の雨季」1866
ファイン・アート・ミュージアム・オブ・サンフランシスコ

1—光の性質・その1

光の直進

光には、太陽が放つ光のほか、蛍光ランプや懐中電灯、ローソクなどが放つ光があります。この光は、どのように進むのでしょうか。部屋の掃除をしているときに、舞いあがったほこりに光が当たって、あたかも直線のように進んでいるのが見えることがあります。霧のなかを走る自動車のヘッドライトでも、そのことがわかります。雨戸の小さなすきまから室内にもれる光がまっすぐなことや、ものに当たった影がはっきりできることからも、光はきっちり直線のように進んでいることがわかります(図1-1)。

光は、真空中や空気中、均一な物質中ではまっすぐに進みます。これを光の直進といいます。まっすぐ進むので、光の通る道筋を直線で表し、光線といいます。太さを考える場合には、光線の束という意味で光束ということばも使います。

●図1-1　太陽の光がものに当たってできる影

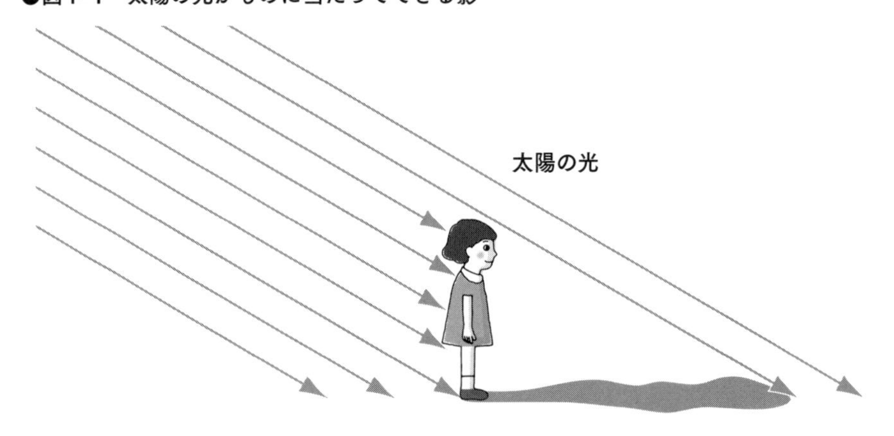

光は直進していることがわかる。

光の反射と屈折

直進してきた光を鏡に当てると、鏡の表面で光は向きを変えて進みます。これを光の反射といいます。

鏡のかわりに、ガラスとか水などの透明な物質があれば、どうなるでしょうか。ガラスや水に当たった光は、その表面で一部は反射しますが、一部は内部に入って透過していきます。ガラスや水の表面と直角に光が入射すれば、反射光はもと来たほうへ反射し、透過光はまっすぐ通りぬけます。

水やガラスの表面に斜めに光が入射した場合には、進んできた方向と斜め反対方向に反射し、内部に光が透過するとき、折れ曲がって進みます。この光が折れ曲がって進むことを光の屈折といいます(図1-2)。

●図1-2　水面での光の反射と屈折

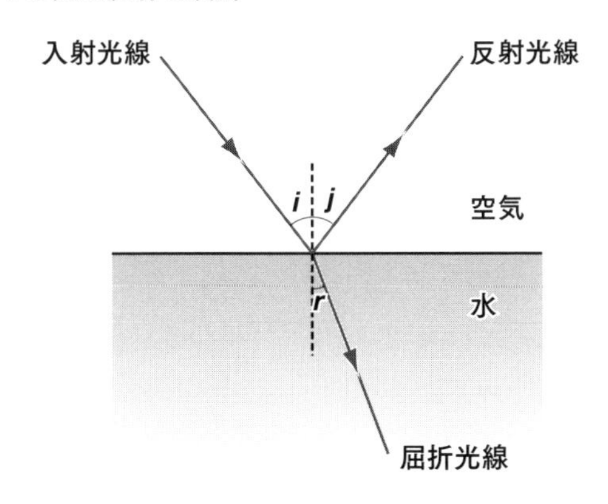

光の反射については、太陽の光を鏡に当てて、目的のところに反射させて遊んだ経験を思い出してください。光の屈折については、どんな経験があるでしょうか。水を入れたガラスコップにストローを差しこむと、そのストローが水面を境に折れ曲がって見えたことはありませんか。浅そうに見えたプールがじっさいは深かったという経験はありませんか。浅そうに見えた水たまりに、大事にしていたものを落として拾おうとして、腕まくりして水中に手を差しこんだところ、案外深くて服を濡らした経験はありませんか(図1-3)。これらはみな、光の屈折が関

●図1-3　水底にある物体の浮き上がり現象の例

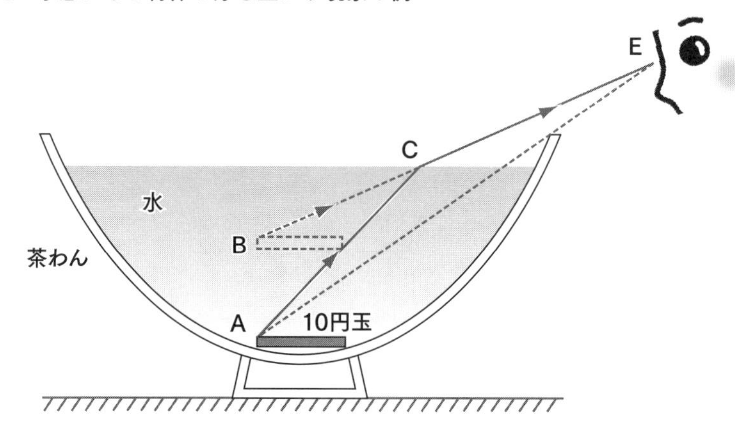

茶わんの底に置いた10円硬貨は点Eからは見えない。水を注ぎ入れると、点Aから出た光は点Cで屈折して進むので、点Eから見えるようになる。

係しています。水の底の物体から出た光が空気中に出るとき、その境界で屈折するために浮き上がって見えるのです。

もう少しきちんと、光の反射と屈折をまとめておきます。つぎのような法則があります。

図1-2を見てください。水面に立てた法線*に対する角度で、入射、反射、屈折の方向を示し、これを入射角i、反射角j、屈折角rとします。

入射角iを0から90度まで変えていったとき、反射角jも屈折角rも大きくなっていきますが、きちんとしたつぎの関係があります。

$$i=j \qquad \text{反射の法則} \tag{1-1}$$

$$\frac{\sin i}{\sin r}=n \quad (i>r) \qquad \text{屈折の法則} \tag{1-2}$$

反射の法則はかんたんですね。入射角iと反射角jとはつねに等しいという関係です。屈折の法則は、iとjのsinという計算**をした値の比がつねに一定の値nになるということです。このnを屈折率、いまの場合で正確にいえば、空気に対する水の屈折率といいます。入射角iと屈折角rとが等しければ、屈折率nは1となりますが、これは屈折が起こらないことを示します。屈折光線は法線に近づく方向に折れ曲がりますので、屈折角 r は入射角 i より小さくなります($i > r$)。このことは、分母の値が分子の値より小さいということですから、屈折率 n は1より大きな値となります($n > 1$)。

光の分散

太陽の光を水の表面に当てると、一部の光は屈折して水中に進むことを学びましたが、このときさまざまな色が現れてきます。このことを光の分散といいます。

このことをはっきりさせるためには、水ではなくて、ガラスのほうがわかりやすいかもしれません。三角柱状のガラスがよいです(これをプリズムといいます)(図1-4)。

●図1-4　プリズムに当たった太陽光線の分散

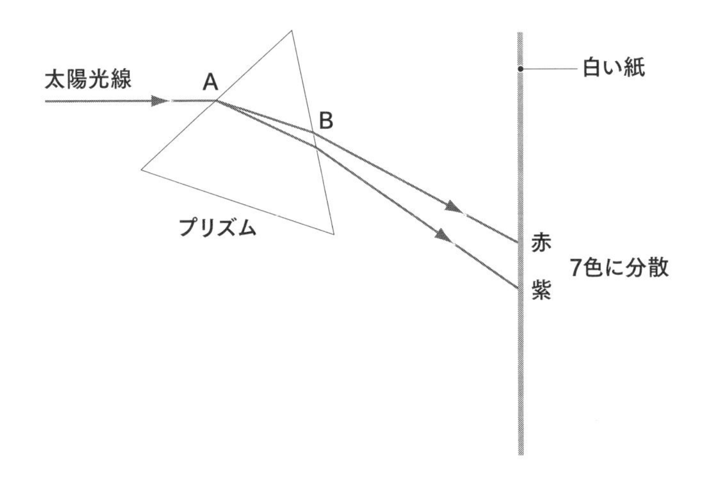

＊——**法線**　面に直角に交わる直線をいう。

＊＊—**sin**　三角関数の正弦のこと。図の三角形OABで、その中心角 θ に対して、$\sin\theta = \frac{AB}{OB}$ で定義される。ちなみに、余弦は $\cos\theta = \frac{OA}{OB}$、正接は $\tan\theta = \frac{AB}{OA}$ で定義される。

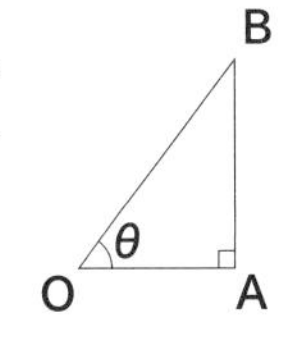

太陽光線はガラスの表面の点Aで屈折して、ガラス内に入り、ガラス内から出る点Bでふたたび屈折して出ていきます(A、Bで反射もしていますが、いまは考えません)。このとき射出光線が当たるところに白い紙を置いておけば、赤から紫までさまざまな光の色が連続して現れます。ということは色によって屈折の程度(屈折率)が違うということです。赤より紫のほうがよく屈折するのです(屈折率大)。この現れた色を集めると、ふたたび自然光にもどります。ニュートンは、この実験で現れる色を7色とし、太陽の光は屈折率の違う7つの色が混ざったものであることをはじめてあきらかにしました(→コラム・虹と科学者1)。

光の分散は、色ごとの屈折率の違いによって起こるのです。

手近に光の分散を確かめるためには、水を入れた洗面器に鏡を斜めに差しこんで、水で三角プリズムをつくるとよいでしょう。これに太陽の光を当てて反射させると7色が現れます(図1-5)。

色ごとに屈折率は違いますから、これを求めておくと便利です。数値で表されることによって、屈折の程度がイメージできますし、色による違いがどのくらいかもわかります。屈折率を求めるには、太陽の光を水面に斜めに当てて、各色の

●図1-5　水を入れた洗面器に鏡を差しこんでの太陽光の分光

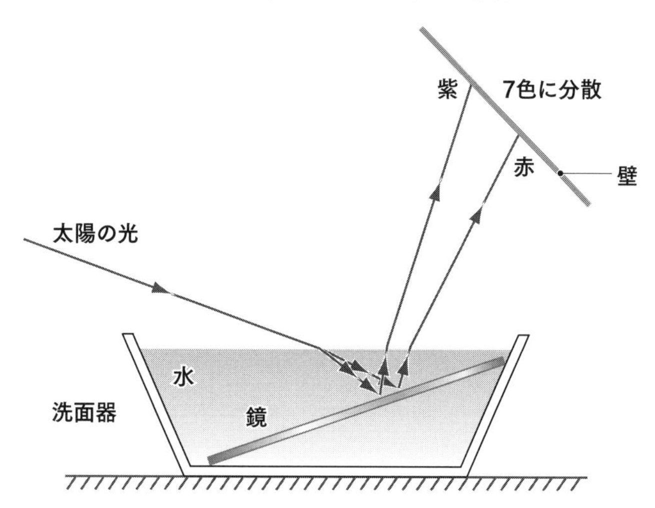

鏡を差しこんだ部分で三角形をした水プリズムができている。

曲がる程度を角度で読みとり、式(1-2)から算出すればよいのです。これが空気に対する水の屈折率になります。ここでは、実験で求めた精密値を示しておきます(表1-1)。屈折率 n は赤色でおよそ1.33、紫色でおよそ1.34と、ごくわずかしか違いはありませんが、この値に注意しておいてください。

●表1-1　水の屈折率の例

色	波長 λ（$\times 10^{-4}$mm）	屈折率 n
赤	6.563	1.3311
橙	5.893	1.3330
黄	5.800	1.3341
緑	5.461	1.3345
青	4.861	1.3371
藍	4.340	1.3404
紫	3.968	1.3435

（『理科年表』などによる。波長については第3章、p.84参照）

虹と科学者1　光の分散に関するニュートンの実験

アイザック・ニュートン〈1643-1727〉

イギリスの科学者、近代物理学の父。光のスペクトルの研究、万有引力の法則の発見、微分法の発見が彼の三大業績とされる。主著『光学』(1704)、『自然哲学の数学的原理(プリンキピア)』(1687)。

彼はプリズムをもちいた光の分散実験をおこない、太陽光は7色の光が集まった状態であり、各色はそれぞれ固有の屈折率をもつと結論づけた。

プリズムを用いて光の分散実験をするニュートン。フーストンによる想像画(1870)

[原典抄録] 1666年のこと、私は三角形のガラスプリズムをひとつ手に入れて、これで有名な色の現象を試してみた。そのため私は部屋を暗くし、窓の戸に小さな穴を開けて、都合のよい量の日光が差しこむようにした。光の入口にプリズムを置いて、光を反対側の壁に向けて屈折させた。はじめのうちは、それによって生まれる鮮やかな強い色を眺めて、とても楽しい気晴らしになった。けれども少しして、それをもっとじっくり調べはじめたところ、私はそれが細長い形をしているのを見てびっくりした。流布している屈折の法則からして、それは当然円形になるものと予期していたからである。それらの両側の縁は直線になっていたが、両端はごく少しずつ色が薄れていくので、どんな形をしているのか正確に見定めることはむずかしかった。けれどもどうも半円形らしく見えた。

……ニュートン「光と色の新理論」★60、『フィロソフィカル・トランザクションズ』第1巻(1672)

[原実験要約]

第Ⅰ篇第Ⅰ部　命題Ⅱ定理Ⅱ　「太陽の光は屈折性の異なる射線からなる」

実験3　小さなすきまFから採り入れた太陽光をプリズムABCに当てると、色の帯TPが現れた。TからPに並んだ色として、認められた色は、赤、橙(だいだい)、黄、緑、青、藍、紫の7色であった。Tの赤がもっとも屈折の程度が小さく、

Pの紫がもっとも屈折の程度が大きいことを示している。

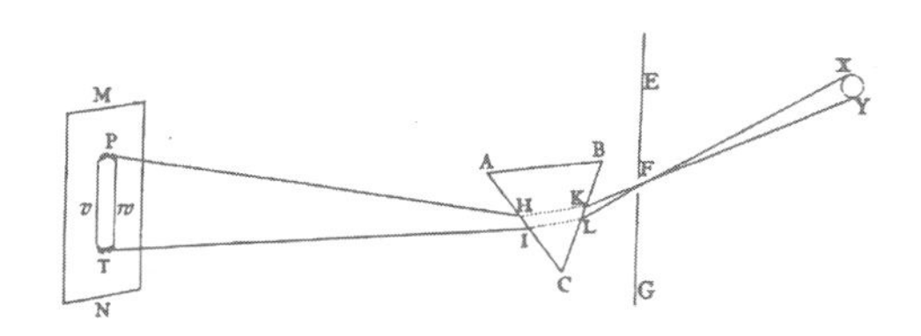

実験6　第1のプリズムABCで太陽光を分散させる。さらにその一部をもう一度第2のプリズムabcに当てて、色による屈折率の違いをくわしく調べてみた。第1のプリズムを軸のまわりに回転させると、異なった色をつぎつぎと孔Gに通すことができる。分散された特定の色は、第2のプリズムによってもはや分離されなかった。またどの色も、第2のプリズムにおいて、第1のプリズムにおいてと同じ屈折を受けた。

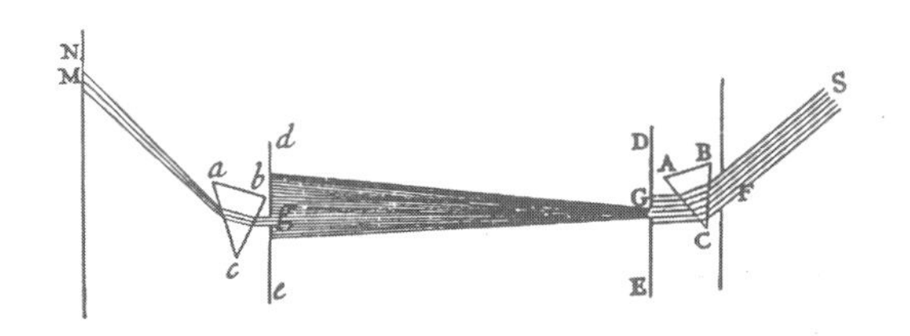

第Ⅰ篇第Ⅱ部　命題Ⅺ定理Ⅵ「色光を混合して、太陽の直接光束と同じ色と性質をもつ光束を複合し、それによって先述の諸命題が真であることを実験すること」

第1のプリズムABCで7色に分散した光を、凸レンズを使って集光すると、またもとの自然光にもどった。この自然光となった光をさらに第3のプリズムに通すと、また7色に分散した。

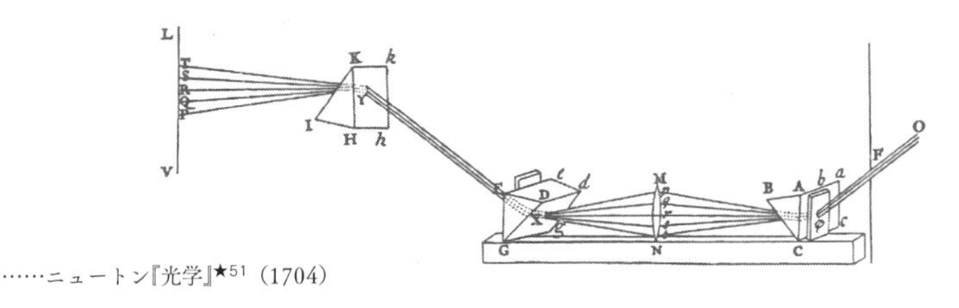

……ニュートン『光学』★51（1704）

2—水滴に当たった光の反射・屈折

水滴は丸い

前節では、水面に当たった太陽光線の反射と屈折、その結果生じる光の分散についても学びました。この節では水滴に当たった光の反射と屈折を考えてみましょう。このことをきちんと解き明かすことが、虹の不思議を解き明かす鍵になるだろうことはさきにも述べました。というのも、虹は雨滴に当たった光の反射と屈折が関係しているらしいことは察しがつくからです。ここで、雨の水滴はまんまるい球形であるとします。

それでも、案外にむずかしくなります。それは、丸い形をしているからです。丸い形の水滴に当たった太陽光線は、どのように反射と屈折をするかということです。空気中には無数の水滴があるはずですが、まず、1個の水滴に当たった太陽光線の反射と屈折を考えることにして、無数の水滴があるときの全体の効果はそのあとで考えることにします。

じっさいの虹を見たときのことも思い出しながら、実験観察をしたり、作図をしたり、また数値計算もしたりと、いろいろな方法で、この課題に取り組んでみましょう。

水滴に当たった光の表面反射

まず最初に、高いところに浮かんだ球形の水滴に当たった太陽光線がそのまま跳ね返ってきて、人の眼に届いて虹をつくると考えてみましょう。ちょうど鏡による光の反射と同じように考えるとよいのです。

◉作図学習1　水滴に当たった光の表面反射

球形の水滴全体に水平方向から光が当たって、その表面で反射した光の道筋を作図してみましょう(図1-6)。

●図1-6　水滴の表面に当たった光の反射　作図前と作図結果

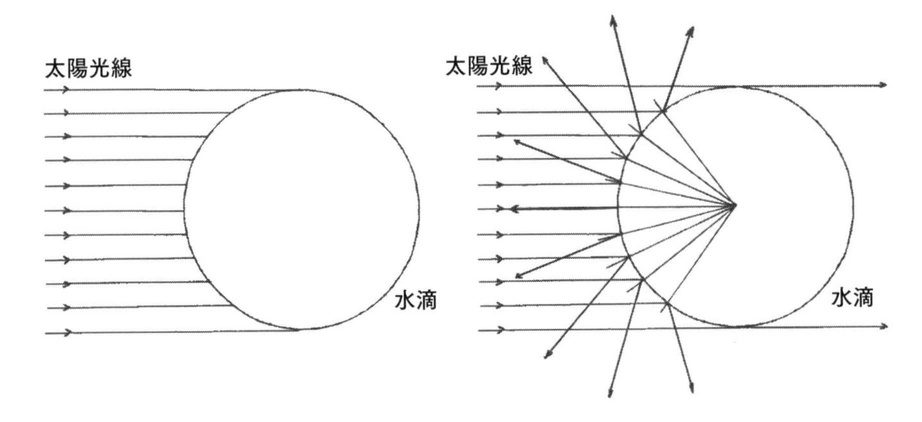

球面で反射した光は周囲の空間全体に発散する。

[**説明**] さきに光の反射の法則のところで学習したとおり、球面のある点に斜めに当たった入射光は、その法線に対する入射角と等しくなる反射角で反射光の向きが決まります。球面全体に当たった光の反射光の向きを見ると、真下の向きから真上の向きまであらゆる方向に光は反射していることがわかります。たしかに、地上にいる人の眼に届く光線もひとつはあることがわかりますが、水滴に当たった光は発散してしまっているので、もとの光よりずっと弱くなり、人間の眼では感知できないのです。

紀元前4世紀のアリストテレス(→コラム・虹と科学者2)をはじめ、近代にいたる虹の研究者の多くは水滴に当たった光の反射を虹が見える原因としましたが、その具体的な説明に乏しく、観察結果を述べるにとどまりました。それゆえ虹の不思議を解き明かすにはいたりませんでした。

虹というのは、空高いところで、けっこう強く鮮やかに輝いています。このことから考えるに、水滴で跳ね返ってきた光のなかで、強く輝く一筋の光は存在しないのでしょうか。この疑問を解き明かすために、光の反射だけでなく、屈折とふたつあわせて考えてみましょう。

水滴に入射した光の反射・屈折

水滴に当たった光は、水滴の表面で反射するだけでなく、屈折して水滴の内部にも入っていきます。その道筋を考えてみましょう。

◉作図学習2　水滴の１点に当たった光の反射・屈折

球形をした水滴のある点Aに、水平方向から光が当たったときの光の道筋を、反射・屈折を考えて作図してみましょう(図1-7)。空気中から水中に光が入射するときには、法線に近づく方向に光は折れ曲がることに注意してください。正確な屈折角は必要ありません。

[**説明**]球のある点Aに当たった入射光線は、ここで反射と屈折が同時に起こります。屈折した光は球内に入り、点Bで反射と屈折をします。屈折した光は球の外へ出ていってしまいますが、反射した光は、ふたたび点Cで反射と屈折をします。このように何度も球面内で反射をくりかえし、しだいに光は弱くなっていきます。

こうして太陽の光は、水滴によってその光をまわりにまき散らされています。このまき散らされた光を散乱光といいます。そして、散乱された順番に、次数をつけて、1次、2次、3次、……の散乱光といいます。

●図1-7　水滴のある１点に当たった太陽光線の反射と屈折　作図前と作図結果

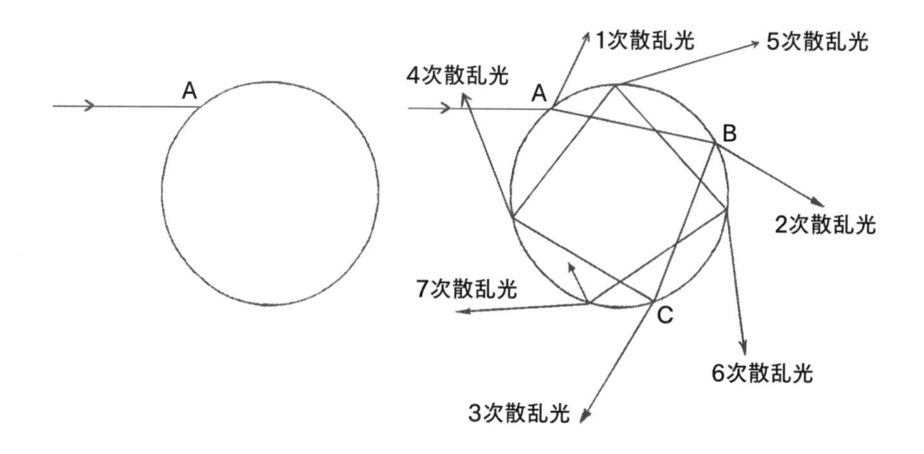

虹と科学者2 アリストテレスによる虹の説明

アリストテレス〈前384-322〉

古代ギリシャの哲学者。あらゆる学問の礎を築いた。自然科学の分野では、『自然学』『天体論』『気象論』『宇宙論』『動物誌』などの著作を残した。『気象論』第3巻第2～5章で、虹の観察事実を述べ、雨滴での光の反射で虹が生じるとした。記号をもちいた論証もある。一般に、ものが見えるのは、人の視線がそのものに当たることによるという考えは、近代まで引き継がれた。（p.143、虹の入試問題選）

［**原典抄録**］1―虹はわれわれの視線が太陽に向かって反射するものである。それゆえ、虹はつねに太陽の反対側に生じる。

2―虹の完全な円環はけっして生じないし、半円よりも大きな弧を描くこともない。そして、日出と日没のときはその円はもっとも小さく、弧はもっとも大きい。しかし、太陽がもっと上へ昇るにしたがって、円はいっそう大きくなり、弧はいっそう小さくなる。秋分のあとで、昼の長さがいっそう短くなると、1日のどの時刻にも起こる。だが夏は正午前後には起こらない。

虹はふたつよりも多く同時に起こることはない。同時に起こるふたつの虹はいずれも赤、緑、青の3色である。ただし、赤と緑のあいだに、しばしば黄が現れることがある。外側の虹の色は薄く、色の順序が反対になっている。

3―虹は昼間生じるが、夜にも月による虹がある。もっとも、むかしの人びとはそのようなものがあるとは考えていなかった。それは、夜の虹がまれにしか起こらないためである。起こってもまれであるので気づかなかったのである。そのわけは、暗闇のなかでは色が見えないこと、またそのほかの多くの条件が一致しないと起こらないが、全部が一致するのは1月のうちでもただ1日、満月の日でしかないことによる。そして、月が昇るときか沈むときかに起こるのである。それゆえ、50年以上の長い年月のあいだに、ただ2回それに出会っただけである。……以上、アリストテレス『気象論』★42第3巻第2～5章

3—虹角について

虹というのは、単純に水滴の表面で反射して地上に届く光ではないことを作図学習1で学び、さらに作図学習2では屈折を加えて作図をしましたが、これだけ見てもまだ、なぜ虹ができるか理解できません。

しかし、この図1-7に虹の不思議を解き明かすヒントが隠されているとするならば、水平方向から水滴に当たった光が、太陽の反対側から地上に舞い降りてきている道筋に注意する必要があります。

それは3次散乱光ということになりますね。ところが、もうひとつ虹になる可能性をもつ散乱光があります。4次散乱光です。空の上方に向かって散乱しているのに、どうしてと不思議に思うかもしれませんが、この図を上向きに折り返して裏側から見てください。そうすると、球の下半球のある点から入射した光線は4次散乱光として、下向き、地表のほうに届いていることがわかります。

このように水滴に当たった太陽光線は複雑に反射と屈折を何度もくりかえしています。このうち、地上に舞い降りてくる光線として3次散乱光と4次散乱光のふたつあることはわかりました。3次散乱光は、水滴の上半球のある位置から入射して水滴内で1回内部反射をしたのち、屈折して水滴の外に出てくる光で、4次散乱光は、水滴の下半球のある位置から入射して水滴内で2回内部反射をしたのち、屈折して水滴の外に出てくる光といえます。

この考え方を正しいとするならば、3次散乱光や4次散乱光として地上に舞い降りてきた光線のなかで、強い光になる光線があるはずです。その位置を定めることをしなければなりません。そのためには、ある1点Aに当たった光だけでなく、水滴全体に当たった光の全体が通る道筋を理解しなければなりません。

強い光線となる位置を見つけることができれば、虹のしくみは解き明かせたことになるでしょう。

水滴に当たった光で強い光になる光線がじっさいにあるかどうか、まず実験で確かめてみましょう。その位置を定めることを考えましょう。

◉観察　試験管、丸型フラスコ、円形水槽をもちいた実験

太陽を背にして、水を入れた試験管を片手に持ち、水平に動かしながら、見つめてみましょう(図1-8)。ピカっと光る位置はありませんか。反射してきた光に強いところがあるのです。予想は当たっていますね。

こんどは、試験管のかわりに丸底フラスコを使ってみましょう。水を入れて固定した丸底フラスコに、フラスコの球形部分と同じ大きさの穴を開けた大きな黒いボール紙を通して太陽の光を当てます(図1-9)。丸い虹ができましたね。色も出ています。赤色よりは紫色が屈折率は大きいので、内側に紫色が現れています。太陽光線に対して、何度の角度の方向に虹が現れていますか。きちんと正確に角度を読みとることは、むずかしいですが、決まった角度をもつという事実をつかむことが大切です。この角度のことを虹角(にじかく)といいます。あとでくわしく調べますが、赤色の場合は約42度、紫色の場合は約40度になることを、ここでお教えしておきます。

水を入れたガラス球を使った実験は、17世紀のデカルトをはじめ、何人もの人がおこなっています(→コラム・虹と科学者3)。

●図1-8　水を入れた試験管に当たった太陽光線の観察

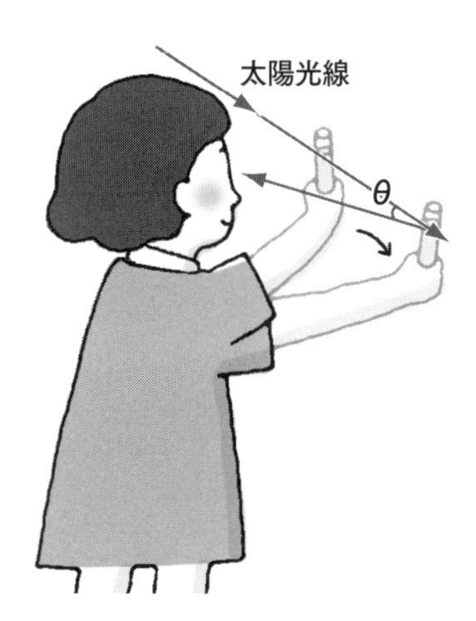

太陽光を背にして、水を入れた試験管を片手に持って十分伸ばし、だんだん外側へと動かしていく。すると、ある位置で試験管の内側がきらりと光る。

●図1-9　水を入れた丸底フラスコに太陽光線を当てて人工虹をつくる実験

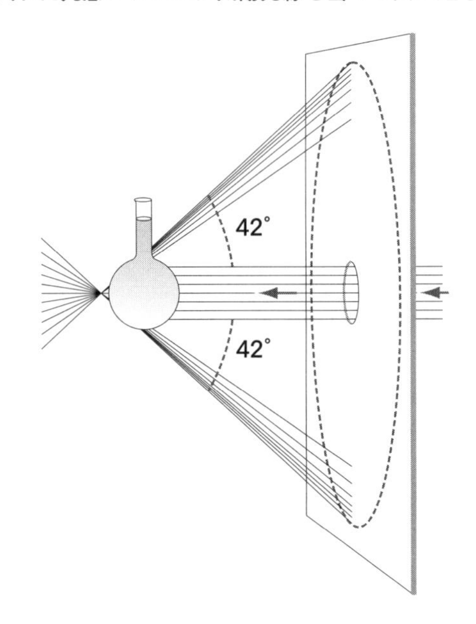

ここまで学習できれば、もう虹の不思議Q1～Q7を解き明かす準備が整いました。しかし、自分できちんとこの虹角を求めてみたい人も多いはずです。けっこうむずかしいところがありますが、ひき続いて、つぎの学習に進んでいきましょう。

さきに、虹の不思議Q1～Q7（第2章）を読んでから、もう一度ここにもどってくるのもよいでしょう。

◉虹角算出の準備

虹角が存在することを作図や計算などによって、ていねいに確かめ、その値を算出してみることにしましょう。3次散乱光の場合で試みます。

水滴の上半球全体に当たった太陽光線の道筋を作図して、入射する点によって散乱光の方向がどう変わるかを見ることにします。そのためには、入射点ごとの入射角などの正確な値と関係式が必要になります。

そこで、まず1点Aに入射した光線の射出するまでの道筋を正確に作図してみてください(図1-10)。なおここでも、この点での屈折角の正確さは求めません。図形的に正確な道筋を描いてください。

点Aでの入射角をi、屈折角をrとします。このとき、入射光線と水滴からの射出光線、いわゆる散乱光線とがなす角をDとすれば、

$$D = 180° + 2i - 4r \tag{1-3}$$

と書くことができます*。このDは水滴によってどれだけ光の向きが変わったかを表す角で、散乱角といいます。散乱角は、Dの補角ϕで、

$$\begin{aligned}\phi &= 180° - D \\ &= 4r - 2i \end{aligned} \tag{1-4}$$

と書くこともできます。

iとrとのあいだには、空気に対する水の屈折率をnとして、すでに学習した

$$\frac{\sin i}{\sin r} = n \tag{1-5}$$

の関係が成り立ちます(第1章、p.22)。

●図1-10　水滴に当たった太陽光線の3次散乱光の道筋

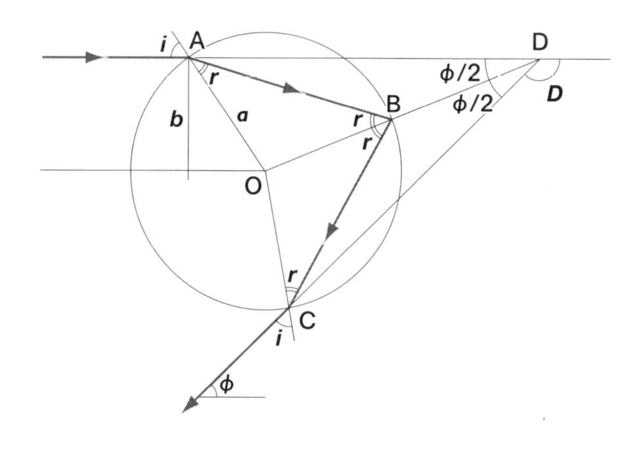

*―水滴の中心をOとする。△ABOと△CBO、△ADOと△CDOは、ともに合同な三角形。そして、∠OAD＝i、∠AOD＝180°－2rだから、ϕ/2＝180°－i－(180°－2r)＝2r－i。ϕ＝4r－2i。D＝180°－ϕ＝180°＋2i－4r。

また、水滴の半径を a、入射光線と水滴の中心を通る軸との距離を b とすれば、

$$\sin i = \frac{b}{a} \tag{1-6}$$

の関係が成り立ちます。この $\frac{b}{a}$ は入射点の位置を表していて*、$0 \leqq \frac{b}{a} \leqq 1$ の値をとります。したがって、$\frac{b}{a}$ の変化に対して i や r がどう変わり、それにともない、D や ϕ がどう変わるかを見ることができます。

3つの方法(作図、グラフ、微分計算)で確かめてみます。

なお比較のために、4次散乱光についても、同様に図に示しておきます(図1-11)。このとき D および ϕ は、それぞれ

$$D = 6r - 2i$$

$$\phi = 180° + 2i - 6r$$

となります**。

●図1-11　水滴に当たった太陽光線の4次散乱光の道筋

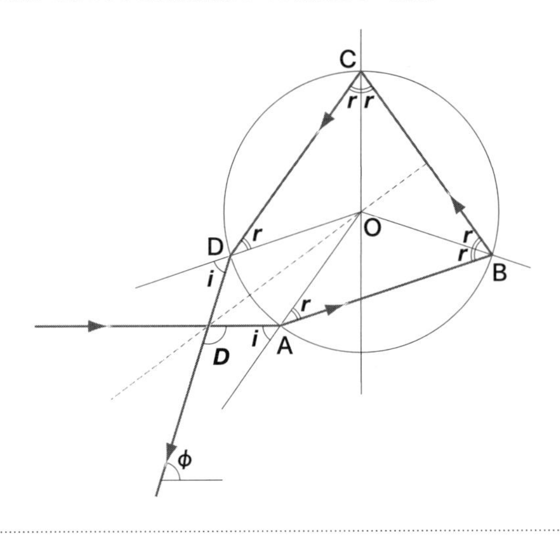

*――一般には、衝突係数という。

**――一般化して散乱角を表示する場合には、3次散乱光と同一基準で表すので、いまの場合、$360° - D = 360° - 6r + 2i$ となる(表2-2下、図2-2)。

◉その1　作図学習　水滴全体に当たった光の反射・屈折

作図学習2（p.30）では、水滴の1点に当たった光のその後の道筋を作図してみました。同じ要領で、水滴全体(上半球)に当たった光の道筋を作図して考えてみましょう。

(1)虹角算出の準備で導いた式にしたがい、入射点 $\frac{b}{a}$ が0から1まで、0.1刻みで変化するとき、それぞれ入射角 i、屈折角 r、散乱角 D の値を計算して、表にまとめてみましょう。

(2)球の半径を10等分して、それぞれの点に当たった光線の道筋を定規と分度器を使って正確に作図しましょう。作図にあたって、必要なそれぞれの点での入射角 i と屈折角 r の値は(1)で得た計算表を使ってください。図は小さいと描きにくいので、A3用紙をもちいて、円の半径は10cmとします。

［説明］

(1)入射角 i、屈折角 r、散乱角 D の値はそれぞれ、式(1-6)、(1-5)、(1-3)で計算できます。ここでは、赤色の場合(屈折率 $n = 1.33$)を計算しておきました(表1-2)。紫色の場合(屈折率 $n = 1.34$)も、同様に計算してみましょう。

●表1-2　入射点 $\frac{b}{a}$ に対する入射角 i、屈折角 r、散乱角 D の数値計算の結果（赤色 n=1.33、角度の単位°）

入射点 $\frac{b}{a}$	$\frac{b}{na}$	入射角 i ($\sin i=\frac{b}{a}$)	屈折角 r ($\sin r=\frac{b}{na}$)	散乱角 D ($D=180°+2i-4r$)
0.0	0	0	0	180.0
0.1	0.075	5.7	4.31	174.2
0.2	0.150	11.5	8.65	168.4
0.3	0.225	17.5	13.04	162.8
0.4	0.301	23.6	17.50	157.3
0.5	0.376	30.0	22.08	151.7
0.6	0.451	36.9	26.82	146.5
0.7	0.526	44.4	31.76	141.8
0.8	0.602	53.1	36.98	138.3
0.9	0.677	64.2	42.59	138.0
1.0	0.752	90.0	48.75	165.0

●図1-12　水滴全体に当たった太陽光線の3次散乱光　作図前と作図結果

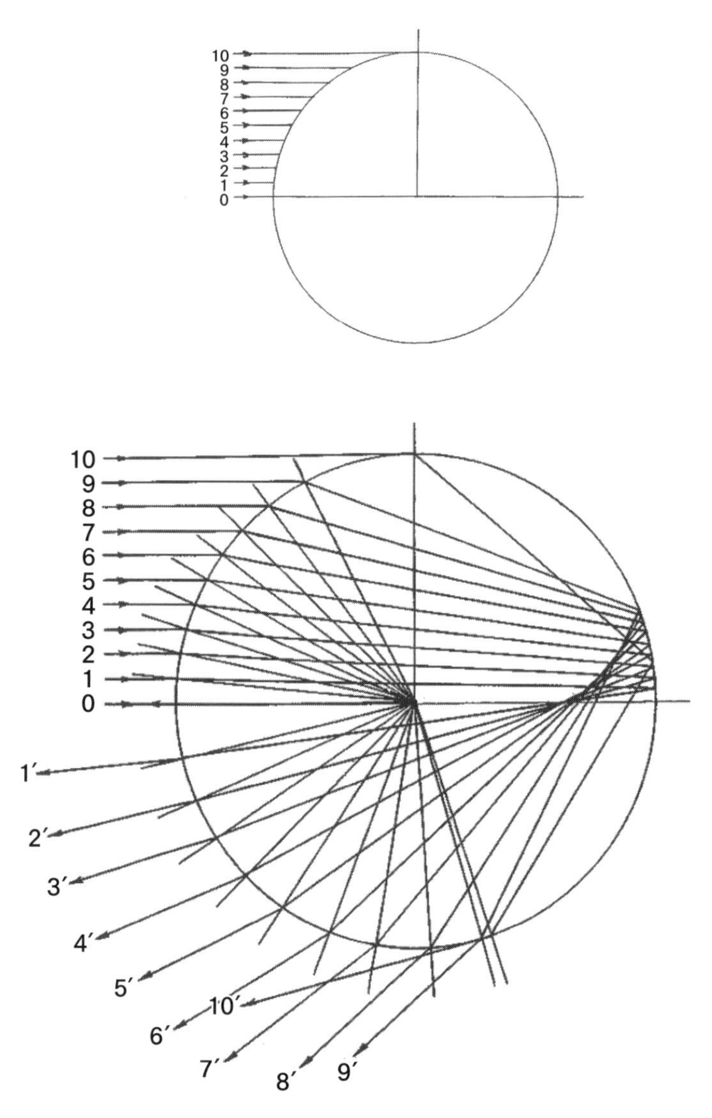

①水滴表面の各入射点と円の中心とを結んで、法線を引く。
②各入射点で、分度器で屈折角rを測り、反射点まで水滴内を進む屈折光の直線を引く。
③この直線の長さと同じ長さで、反射点から射出点まで直線を引く。
④射出点で、①と同様に法線を引き、射出方向を入射角iを測ることから定めて、直線を引く。

(2)作図はこれらの値をもちいて、角度を分度器で読みとって、注意しながら描きます。

こうしてできあがった図を見てみましょう(図1-12)。

入射光線は半径を10等分していて、その間隔では均等な強さをもっています。ところが図を見ると、射出光線の1′から7′、8′あたりまでは、水滴の表面での反射(図1-6)と同じように、入射光線の間隔よりも広く、光は発散しているのに、8′、9′では、間隔がせまくなっていることがわかります。また8′、9′の方向はほぼ同じですが(このことは散乱角 D の計算値からもわかります)、10′では方向が大きく逸れています。

このことをもっとはっきりさせるためには、入射光線の数を2倍にしてもっと多くの光の道筋を作図するとよいです(図1-13)。

そうすると、射出光線の方向は、大きく逸れた状態から、しだいに小さくなり、また大きくなる向きに移動することがわかります。その向きは折り返すように変化するのです。散乱角 D でいうと、その値はしだいに小さくなり、ある点で最小値をとり、ふたたび大きくなるということです。

この折り返し点となる方向では、光が収束して最大になることを意味します。数学的には、このとき散乱角は極値をとり、光の強さは無限大になります。

このときに虹が生じると考えることができます。この虹を生じるときの散乱角を虹角として D_N、またはその補角 ϕ_N で表す*ことができますが、ふつう、補角 ϕ_N で表します。この作図結果から、虹角 ϕ_N のおおよその値を読みとると、$\phi_N = 42$ 度程度になります。

---

*—虹ができるときの特別な角度として、添字Nをつけ、一般の角度と区別した。Nは、Nijiの頭文字からとった。

●図1-13　水滴全体に当たった太陽光線の3次散乱光の詳細

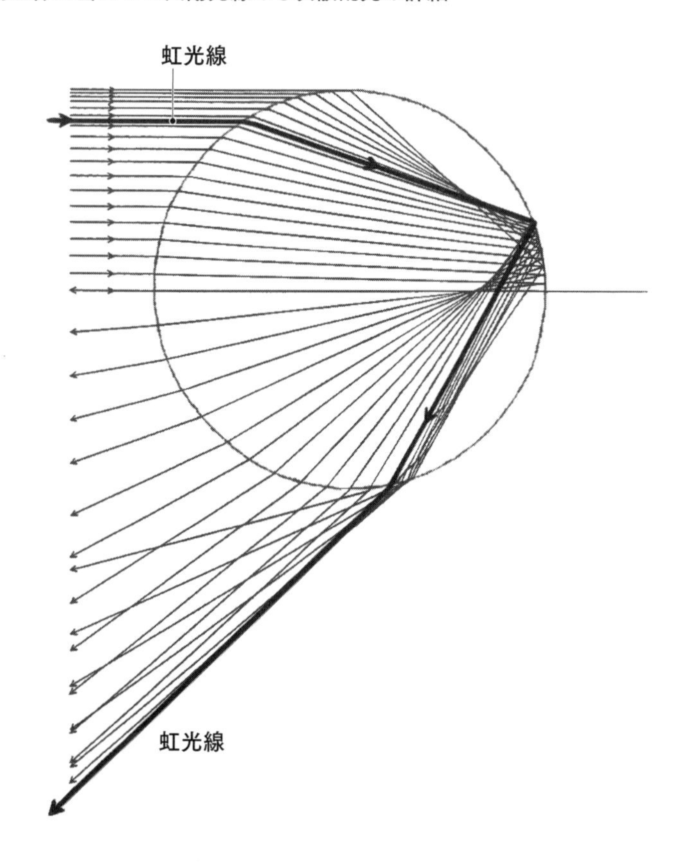

◉その2　グラフを描く

入射点 $\frac{b}{a}$ に対する散乱角 D の関係をグラフにしてみると、その変化がさらによくわかります（図1-14）。図を見ると、$0.8 < \frac{b}{a} < 0.9$ で、D は最小値があり、その値は $D_N = 138$ 度程度です。その補角 ϕ_N でいえば $\phi_N = 42$ 度程度ですが、これもグラフから値を読みとるので誤差ができます。

散乱光の強さは、このグラフの接線の傾きの逆数で表されます。最小値の点では接線の傾きが0、その逆数は無限大となって、散乱光の強さは無限大になるのです。

4次散乱光についても、同様に計算して、3次散乱光とあわせてグラフにする

●図1-14　入射点$\frac{b}{a}$に対する3次散乱光の散乱角Dの変化

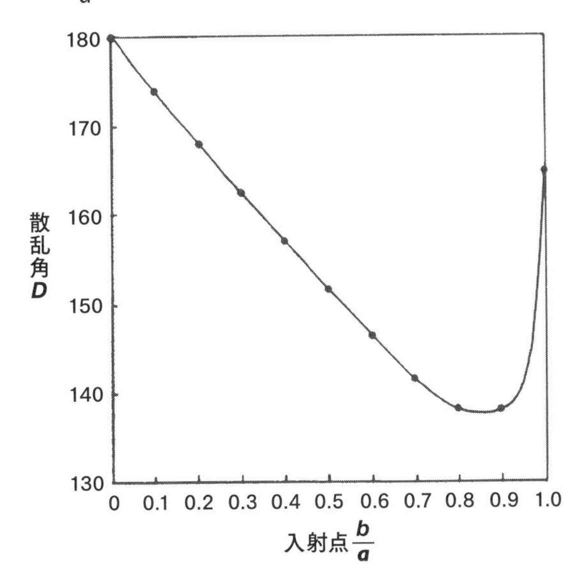

●図1-15　入射点$\frac{b}{a}$に対する散乱光の散乱角Dの変化

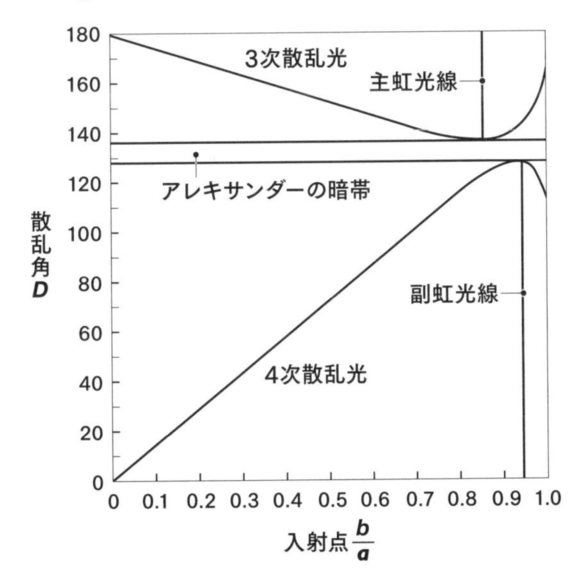

と、4次散乱光についても極値があること、3次散乱光も4次散乱光もいずれも散乱光がやってこない領域があることもわかります(図1-15)。この散乱光がやってこない領域をアレキサンダーの暗帯といいます。ちょうど主虹(しゅにじ)と副虹(ふくにじ)とのあいだの領域になります。

◉その3　微分計算に挑戦

これらの値をきちんと正確に求めるには、微分の計算をする必要があります。微分の計算ができる人は、散乱角 D を入射角 i の関数として微分計算をおこない、D の極値を与える i_{N} を求めてみましょう。このように計算できます。

式(1-3)と式(1-5)から、

$$D = 180° - 4\sin^{-1}\frac{\sin i}{n} + 2i$$

ここで微分公式 $(\sin^{-1} x)' = \dfrac{1}{\sqrt{1 - x^2}}$

$(\sin x)' = \cos x$

であることに注意して、D を i で微分すると、

$$\frac{\mathrm{d}D}{\mathrm{d}i} = -4\frac{1}{\sqrt{1 - \left(\frac{\sin i}{n}\right)^2}} \cdot \frac{1}{n} \cdot \cos i + 2$$

$$= \frac{-4\cos i}{\sqrt{n^2 - \sin^2 i}} + 2$$

$$= \frac{2(n^2 - \sin^2 i - 4\cos^2 i)}{\sqrt{n^2 - \sin^2 i}\left(\sqrt{n^2 - \sin^2 i} + 2\cos i\right)}$$

となります。ここで、$\dfrac{\mathrm{d}D}{\mathrm{d}i} = 0$ となるときの i を i_{N} とおくと、

$$n^2 - \sin^2 i_{\mathrm{N}} - 4\cos^2 i_{\mathrm{N}} = 0$$

であるから、

$$n^2 - \sin^2 i_{\mathrm{N}} - 4(1 - \sin^2 i_{\mathrm{N}}) = 0$$

となります。したがって

$$\sin i_{\mathrm{N}} = \sqrt{\frac{4 - n^2}{3}} \qquad (1\text{-}7)$$

が得られます。

この式を満足する入射角 i_{N} のとき、D は極値 D_{N} をとるのです。屈折率 $n =$

1.33から計算すると、$\sin i_N = 0.86$となります。この値は$\frac{b}{a}$の値でもあります。作図からは具体的に読みとることができませんでしたが、計算から求められました。

この値から$i_N = 59.5$度、$r_N = 40.2$度、$D_N = 137.8$度と順に出てきます。対応する補角ϕ_Nは$\phi_N = 42.2$度になります。

紫色の場合、屈折率nが$n = 1.34$とわずかに大きいので、散乱角Dはいくぶん大きくなります。同様に計算して、極値をとる散乱角D_Nは139.5度、対応する補角ϕ_Nとして40.5度が出てきます。これで正確な値が求められましたが、これらの値は、屈折率nが与える色の評価と有効数字のとり方で、微妙に違ってきます。以後は2けたで表し、補角の値、虹角として、赤色は約42度、紫色は約40度として、話を進めます。

以上は、3次の散乱光がつくる虹について、作図や計算をして考えましたが、これが冒頭で述べた、ふつうに見られる主虹になります。

4次の散乱光がつくる虹が、主虹の外側に見られる副虹になります。同様に計算して、虹角として赤色は約50度、紫色は約54度が出てきます。

虹と科学者3 デカルトによる虹の説明

ルネ・デカルト〈1596-1650〉

フランスの哲学者。合理主義哲学、演繹法(えんえきほう)の祖。「われ思う、ゆえにわれあり」のことばはあまりによく知られている。そのことばが記された『方法序説』(1637)、その各論ともいえる『気象学』『屈折光学』(1637)のほか、『哲学原理』(1644)、『世界論』(1664)などの著作がある。『気象学』第5講で虹をとりあげ、水を入れたガラス球を水滴に見立てた実験をおこない、主虹(しゅにじ)、副虹(ふくにじ)の虹角を算出し、虹が見えるしくみを解き明かした。自然の幾何学的構造は、虹にも貫かれていることを実証した。

［**原典抄録**］虹は、まことにめざましい自然の驚異であり、その原因はいつの時代でもすぐれた精神によってきわめて念入りに探求されてきたにもかかわらず、きわめて知られることの少ないものである。

私は、この虹がただ空に現れるだけでなく、われわれに近い空気中においても、実験によって泉で見られるように、水滴がそこにあって、それが太陽に照らされるたびに現れるものであることを考えると、虹というものは、ただ光線がこのような水滴に働きかけ、そこからわれわれの目に向かう仕方にのみかかっていることが容易に判断できたのである。

水滴は丸いものであり、大きくても小さくても虹の現れ方は同じであることがわかったので、虹をよく調べることができるように、大きな水滴をつくることを思いついた。

このため、大きなまんまるいガラス瓶を水で満たしたのち、たとえば、太陽の光がA、F、Zの空から来るとし、私の眼が点Eにあるとし、この球をB、C、Dの位置に置くならば、その部分Dは真っ赤に見え、そのほかの部分よりも比較にならぬほど鮮やかに見えること、またその球を近づけようと遠ざけようと、右に置こうと左に置こうと、また私の頭のまわりに回転させよう

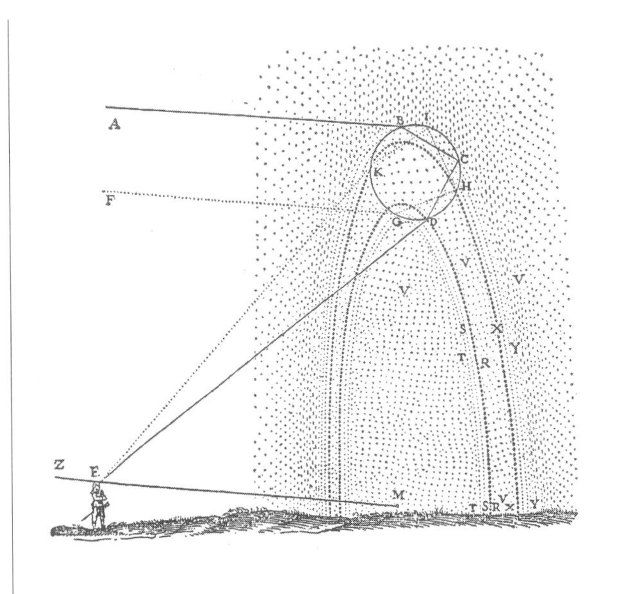

と、直線DEが眼の中心から太陽の中心へ向かう直線EMとつねに約42度の角をつくりさえすれば、この部分Dはつねに赤色に見えること、しかし、この角DEMを少しでも大きくすると、この赤色はたちまち消えてしまい、少しでも小さくすると、赤色はそれほど急に消えてしまうことなく、消えるまえにはまえほど鮮やかでないふたつの部分に分かれ、この部分に黄や青やそのほかの色が見えることを、見出したのである。

つぎに、この球の部分Kを見て、つぎのことを認めたのである。すなわち、約52度の角KEMをつくれば、この部分Kもまた赤色に見えるが、Dほど鮮やかでなく、この角を少し大きくすると、もっと弱いほかの色がそこに現れるが、この角を少しでも小さくするか、ずっと大きくすると、そこにはもはや何も現れない。……デカルト『気象学』★49（1637）、第8講「虹について」

［付記］**ヴォルテールのデカルト讃**　アントニオ・デ・ドミニスが現れるまでは、虹は解き明かすことのできない神秘な現象と思われていた。この哲学者は、これが雨と太陽の必然の結果であることを見抜いた。デカルトはこのまったく自然な現象の数学的説明によって、その名を不滅なものにした。デカルトは雨の滴のなかでの光の反射と屈折とを算定したのであるが、この鋭い洞察力はその当時では何か神わざとでも言えるものであるかのように思われていた。……ヴォルテール『哲学書簡』（1734）、第16信

第2章 虹の不思議を解き明かす

第1章で学んだ光の性質を水滴にあてはめて得られた結論にもとづいて、虹の不思議Q1 ~ Q7のひとつひとつを順番に解き明かしていきます。ひとつの結論で、こんなふうに虹の不思議が解き明かせるのかと、驚かされます。自然の背後には、幾何学的構造、数学的構造が貫かれているのです。虹の不思議を解き明かしたむかしの科学者も、きっと同じような思いをしたことと思います。しかし、虹の不思議のすべてを解き明かせるでしょうか。

歌川広重
「名所江戸百景 高輪うしまち」
安政4年 (1857)

虹の不思議を解き明かすために

第1章では、作図や計算をとおして、水滴に当たった太陽光線のうちで、ある決まった角度、虹角(にじかく)で射出してきた光線で虹がつくられるということ、その角度は、主虹(しゅにじ)の赤色は約42度、紫色は約40度、副虹(ふくにじ)の赤色は約50度、紫色は約54度であることがわかりました(表2-1)。

●表2-1　主虹と副虹の比較

	主虹	副虹
散乱光の次数	3	4
虹の次数　k	1	2
水滴内反射の回数　k	1	2
虹角　ϕ	赤色　約42°　(外側) 紫色　約40°　(内側)	紫色　約54°　(外側) 赤色　約50°　(内側)
虹の幅	約2°	約4°
色の濃さ	濃い	薄い

この結果をもとにして、虹の模式図を描いてみましょう。どんな図が描けるでしょうか。

空気中にある無数の水滴に当たった太陽光線のひとつひとつが、この虹角を満足する光線として虹を形づくることになります。そうすると、虹は、円錐の円弧に沿ってでき、頂点に眼をおいた関係にあることになります(図2-1)。虹を見つけるには、太陽を背にして対日点の方向を探し、その方向から42度高い方向を見上げるとよいこともわかります。対日点の方向というのは、太陽と自分自身を結ぶ直線の反対方向を指します。

この図が描ければ、虹の不思議Q1～Q7は、ほとんど解き明かすことができます。順に解き明かしていきましょう。

●図2-1　円錐の円弧に沿ってできる虹

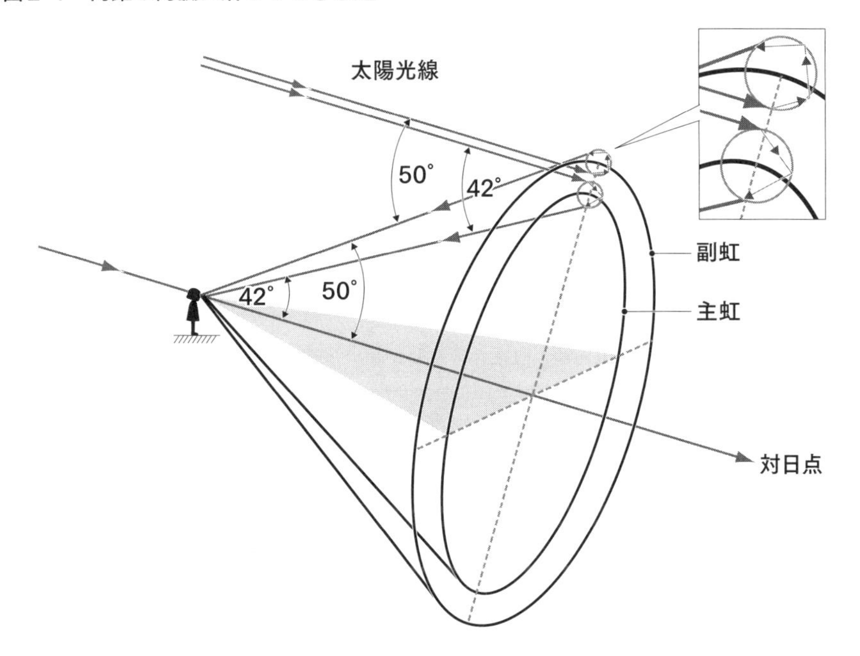

主虹の赤色は、無数の水滴から42度の虹角を満足する散乱光の集合として円弧上に見える。

Q1—なぜ、色のついた光の帯が空に見えるのか？

なぜ、色のついた光の帯が空に見えるのか。これは、虹のもっとも基本的な不思議ですね。それは、すでに第1章で述べたとおり、水滴に当たった光線が屈折して内部に入り、内部反射をしたあと、水滴から射出してくる光線のうち、ある角度、虹角で射出してくる光線の強さがきわめて強いからです。

もう一度おさらいをすると(図1-12、図1-13)、水滴の表面全体が太陽の光に照らされてますが、3次散乱光の場合、水滴の中心から上半分の端に入射するにしたがって、射出してくる散乱光の散乱角はしだいに小さくなっていきますが、ある角を超えるとこんどは大きくなっていました。この限界の角度で、光線が向きを変えるところで、数学的には光束は無限小に収束して、光の強さは無限大になり、きわめて強い光として、人の眼に入ってくるのです。4次の散乱光の場合にも、同様のことがいえます。

もっともじっさいは、水滴の中心からその端に向かって太陽光線が順に入射するわけではなく、水滴全体に光線は当たっていて、ある特別な点から入射した光線のみが強く散乱し、虹をつくっているのです。向きを変えるといいましたが、時間的変化と誤解しないでください。

色がつくのは、水滴に入射するときと、水滴から射出するときの屈折のさいに、赤色よりも紫色のほうがややよく屈折して、光の分散が生じたためです。屈折率は色ごとに決まっているのです。水滴の表面での反射では、虹は生じえません。

Q2—どうして、2重の虹が見えるのか？

ふたつの射出光線

これも第1章で述べましたが、水滴に屈折しながら入射し内部反射をしたあと、水滴から射出してくる散乱光を考えたとき、太陽と反対側に降りてくる光線はふたつあることが、その理由です。水滴内での内部反射が1回のものと2回のものです（表2-1、図2-1）。

1回のものがふつうの虹、すなわち主虹に、2回のものがその外側の副虹になります。それぞれに、ある角度、虹角で光線の強さがきわめて強くなるのです。

また、主虹と副虹では、赤色と紫色の虹角の大きさが逆になっています。このことは、主虹と副虹では色の順が逆になることを示しています。主虹は外側が赤色、内側が紫色ですが、副虹は外側が紫色、内側が赤色になります。

さらに、副虹をつくる光線を見てみると、主虹のそれに比べて、1回多く反射しています。1回でも反射が多いと、そのときに屈折光として水滴外に出てしまう散乱光がありますから、虹をつくる光線は弱いことになります。

虹が空にかかるとき、太陽の日差しが強ければ、主虹だけでなく、その外側に薄い色の副虹が見えますが、そのときの太陽の日差しが弱く、主虹ですらなんとかできたような場合には、副虹は見ることはできません。もちろん理論上は副虹もできているはずですが、人の眼では感知できないのです。

主虹と副虹のあいだからは、まったく散乱光が届かないので、ここは暗く見えます（図1-15、アレキサンダーの暗帯）。もちろん、虹をつくらない光は届いているので、真っ暗というわけではありません。

3重の虹は？

2重の虹が出ることがあるのであれば、3重、4重の虹が出ることもあるのでしょうか。じっさいに3重の虹を見たという報告もあります*。ほんとうにこのような虹が現れるのか、考えてみます。

水滴に当たった太陽光線の散乱を考えてみましょう。このうち3次と4次の散乱光が主虹(1次の虹)と副虹(2次の虹)をつくります。しかし、水滴内に屈折して入った太陽光線は何回となく内部反射をくりかえしていますから、散乱光はこのふたつにとどまりません。5次、6次、……と次数の高い散乱光が無数にあります(図1-7)。最後には、そのエネルギーを失い、消滅してしまいます。

ここで、5次以降の散乱光がつくる虹の赤色の虹角を計算してみると、5次は42度、6次は43度、7次は52度、8次は32度、……となります(表2-2、図2-2)。7次と8次の散乱光は太陽と反対側からの射出ですが、5次、6次の散乱光は太陽の方向からの射出になっています。

したがって、虹の次数でいえば、5次と6次の虹が太陽と反対側に、3次、4次の虹が太陽の方向に現れることになります(図2-3)。結局、太陽の反対側には、1次の主虹と2次の副虹とをあわせて4重の虹が、太陽の方向にも、接近した2重

●表2-2　水滴による虹の高次散乱と虹角(赤色$n=1.33$、角度の単位°)

散乱光の次数	虹の次数 k	内部反射の回数 k	入射角 i_N	屈折角 r_N	散乱角 D_N	虹角 ϕ_N	備考
1	—	—	—	—	—	—	
2	0	0	—	—	—	—	
3	1	1	59.5	40.2	137.8	42.2	太陽の反対側、主虹
4	2	2	71.9	45.5	230.7	50.7	太陽の反対側、副虹
5	3	3	76.8	47.0	317.9	42.1	太陽の方向
6	4	4	79.7	47.6	403.2	43.2	太陽の方向
7	5	5	81.4	47.9	487.7	52.3	太陽の反対側
8	6	6	82.7	48.1	571.6	31.6	太陽の反対側

[備考]内部反射がk回の散乱光の散乱角Dは、内部反射1回の主虹の散乱角の式を拡張して、

$$D=2(i-r)+k(180^\circ-2r)$$

となる。この場合も、入射角iが、

$$\sin i_N=\sqrt{\frac{(1+k)^2-n^2}{k(2+k)}}$$

を満足する場合に、Dは極値をもつので、散乱光の強さが最大となり、この角度の方向に虹光線をつくることがわかる。この式から、赤色の場合の水の屈折率$n=1.33$をもちいて、kごとの入射角i_Nが算出できる。さらに対応する屈折角r_N、散乱角D_N、虹角ϕ_Nも順に求められる。

●図2-2　高次の散乱光が虹をつくる方向(上)と水滴内の反射・屈折のようす(下)

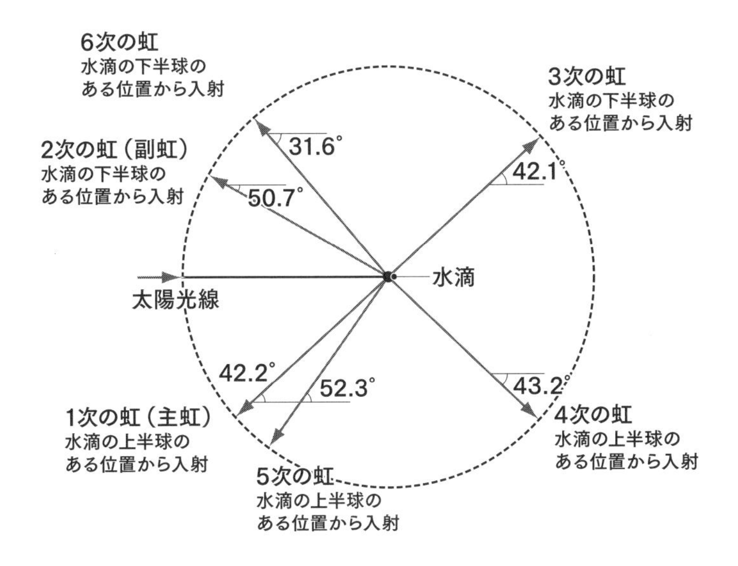

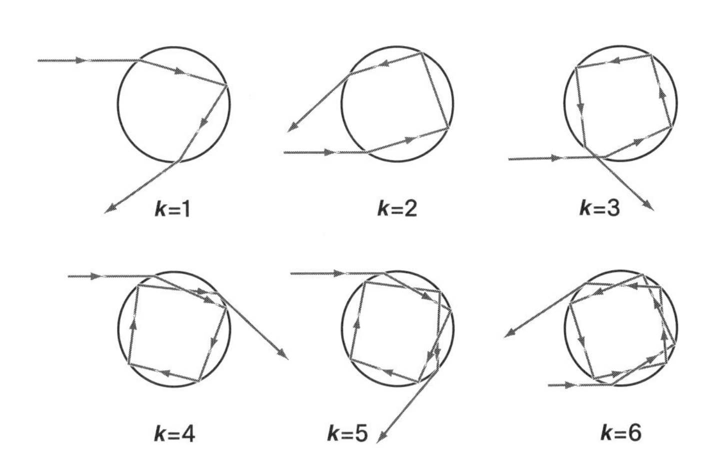

＊—たとえば、こんな報告がある。「私が訪れた時にも夕立ちがあり、雨がやんだ後にふと窓の外を見ると虹がかかっていた。そして驚いたことには、三重の虹がかかっていたのである」（磯部琇三著『天文学を変えた新技術』朝倉書店、1990、p.9)。

の虹が現れることになります。もちろん理論上は太陽の反対側にも、太陽の方向にも、これ以上に無数の虹が現れることになります。

しかし、じっさいにこのような多重の虹が見えるのかといえば、見えないというのがほんとうのところです。2次の副虹ですら、太陽光線が相当強い場合でないと見えないのは経験するところです。3次の虹、4次の虹は、それより内部反射を1回ないし2回多くしていますから、それだけ光は弱くなっていますし、しかも、このふたつの虹は太陽の方向に現れますから、太陽のまぶしさに遮(さえぎ)られ、空の明るさに埋もれてしまいます。5次、6次の虹は太陽の反対側に現れる虹ですから、太陽のまぶしさはないにしても、内部反射をさらに1回ないし2回多くしていますから、光はきわめて弱くなって、とても見ることはできないでしょう。ニュートンと同時代のジャン・ベルヌイは「3次の虹は、ワシかヤマネコなら見えるかもしれない」と言いましたが*、人間の眼では無理というものです。

●図2-3　太陽の方向と反対側にできる高次の虹

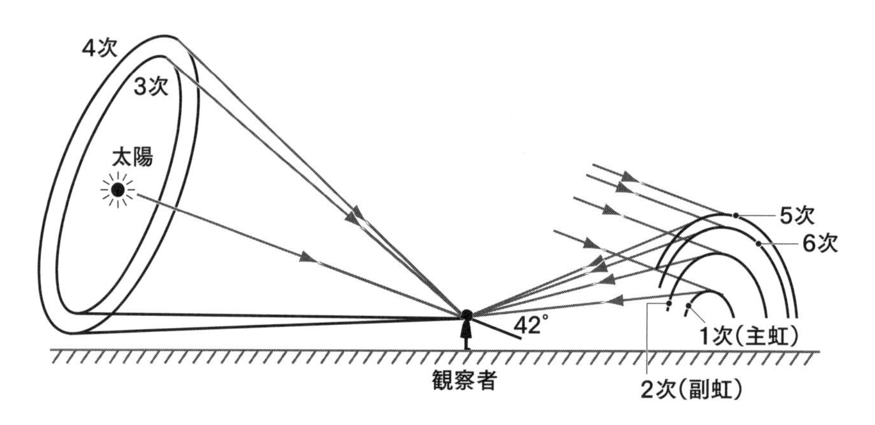

そのほかの理由でできる多重の虹

ところが、ほかの理由で、3重の虹、4重の虹が見える可能性があります。そ

＊―C.B.Boyer: *The Rainbow, From Myth to Mathematics* (1987)★2, p.251.

●図2-4　水面での反射光がつくる虹の原理

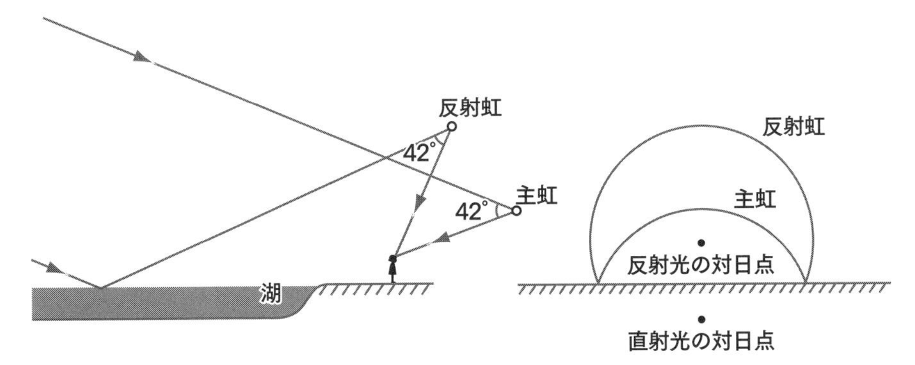

反射光は斜め下から水滴に当たるので、直接光より高いところに現れ、しかも円弧の長さがより長くなって、丸みを帯びる。

れは水面での反射光がつくる虹です(図2-4)。

太陽を背にした背後に湖などがあって、水面で反射した太陽光線が水滴に当たるような場合にできます。一度、水面で反射している光ですから、反射のさい、光は弱くなってはいますが、高次の散乱光に比べると格段に強いといえます。

この反射光による虹は、直接光による虹よりも高いところに現れます。直接光による虹の対日点は、ふつう地平線より下にありますが、反射光による虹は、より高いところにあるので、虹の丸みが多くなります。主虹、副虹が現れるほど太陽の日差しが強いときに、それぞれの反射光による虹が現れます。反射光が主虹だけつくった場合には3重の虹が、反射光が主虹と副虹のふたつをつくった場合には4重の虹になります(図2-5)。主虹、副虹で、それぞれ比べると、反射光は直接光よりは弱いので、それからつくられる虹も、直接光による虹よりも薄い色になります(→コラム・虹を探して1)。

この3重、または4重の虹はしばしば写真に撮られています。

●図2-5　反射光によってつくられる4重の虹

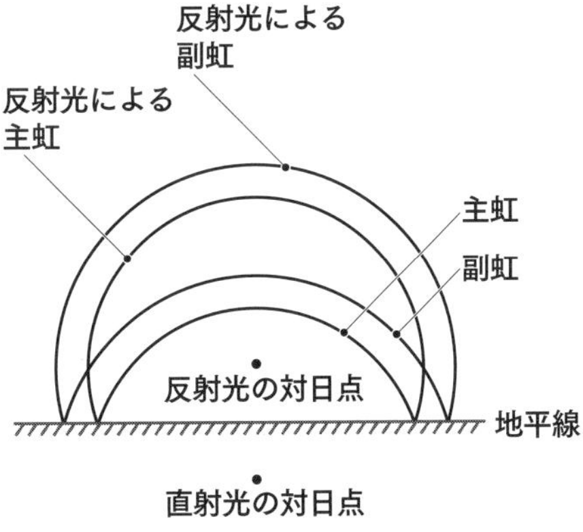

虹を探して1　水田での反射光

著者は反射光による虹をまだ見たことはないが、これなら見えるだろうと実感したことはある。

一面晴れ渡った日差しの強い5月のある日の夕方のことである。苗の植えつけが終わった水田が広がる田舎道を散歩していた。ふと西のほうを見ると、沈みかけた太陽の真下にも、水田に映った太陽がぎらぎらとまぶしく輝いていた。水田で反射したその輝きは、直射光と変わらぬほどであった。しばらく歩くと、東側に2階建ての民家が並ぶ往来に来た。立ち止まって、その民家の壁を見ると、直射光による自分の影がはっきり映り、さらにその上にもうひとつ、反射光による背の高いもうひとつの自分の影が重なって映しだされていた。たしかに反射光による影は、直射光による影よりは薄かったが、思った以上にはっきり現れていた。このとき、にわか雨さえあれば、3重の虹、ひょっとすれば4重の虹も見えただろうと思った。

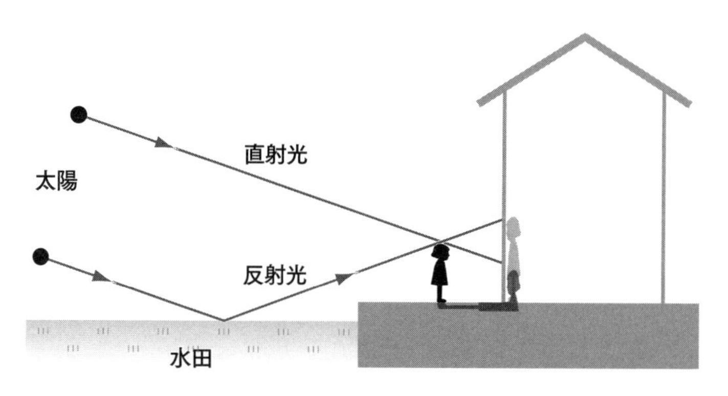

直射光による濃い人影の上に、反射光によるやや薄い人影ができていた。

Q3—いつ、どこに見えるのか？

虹はいつ見えるのか、どこに見えるのか。これを理解するには、さきの図を太陽の位置が変わった状態で描いてみるとよいです(図2-6)。太陽は朝、東の地平線から出て、しだいに高く昇り、正午に南中してもっとも高く昇り、しだいに低くなって夕方、西の地平線に沈みます。

主虹の赤色を例にして考えてみると、虹角は42度ですから、太陽が昇って地平線となす角度、太陽高度がこの虹角42度より高くなると、虹は地平線の下に隠れてしまうので、虹は見えないことになります。

太陽高度が42度以下の時間帯なら、虹が見える可能性があります。その時間帯はいつか。これは緯度によって、また季節によって違ってきます。太陽が南中してもっとも高くなるときでも、真上までは上がらず、夏至の日でも、たとえば南国の宮崎で太陽高度は81度程度です。冬至にいたっては35度程度までしか昇っていません(表2-3)。

宮崎では、夏至の日の日出は5時過ぎで、この時刻に太陽が昇りはじめると、9時にならないうちに高度42度まで昇ってしまいます。同様に日入は19時30分頃で、16時頃にならないと太陽高度が42度まで下がってきません。けっきょく9時から16時頃の日中は、虹は現れないことになります。しかし、季節が移って冬至となると、南中高度は35度程度です。これは正午になっても、太陽は35度までしか昇らないことを示し、虹角の42度よりも小さいです。そうすると、正午にでも、虹が現れることになります。しかし実際問題としては、冬至の頃に雨は少なく、曇天の日が多いので、正午に虹が見えることは少ないでしょう。

虹は見える時間帯があることがわかりました。しかも季節によって、その時間帯は変わるのです。つねに太陽と反対側に現れますから、早朝なら西の方角、夕刻なら東の方角を仰ぎ見るとよいでしょう。冬期に正午近くに見える可能性がある場合には、北の方角を見るとよいでしょう。

●図2-6　虹が見える太陽高度と虹の形

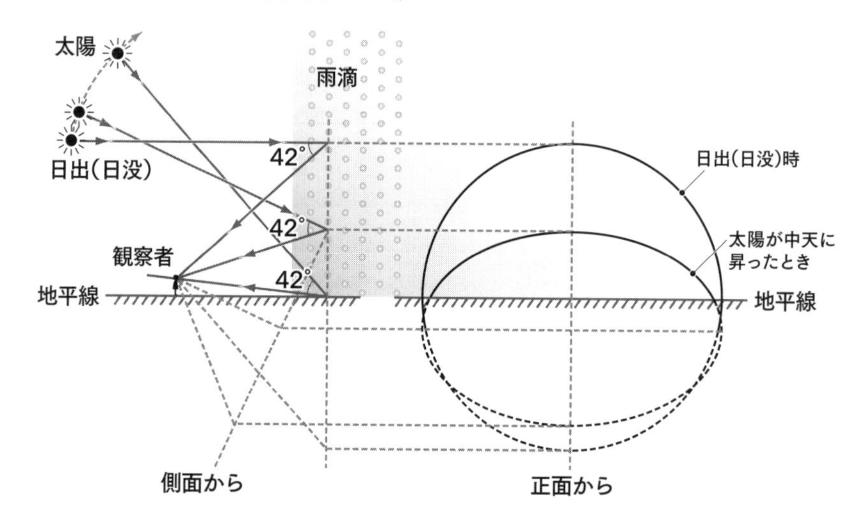

●表2-3　太陽の南中高度(単位°)

北緯	地域	夏至	春分・秋分	冬至
32	宮崎など	81.5	58.0	34.6
34	徳島など	79.5	56.0	32.6
36	埼玉など	77.5	54.0	30.6
38	新潟など	75.5	52.0	28.6
40	秋田・岩手など	73.5	50.0	26.6

(『理科年表』より)

Q4—虹の大きさは違う?

この疑問については、さきのQ3「いつ、どこに見えるのか?」と関連づけると、理解できます。主虹の赤色の虹角は42度で、この角度をもつ円錐の円弧に沿って虹ができます。

しかし、地上から虹を見たときの見かけの大きさは違ってきます。日出や日没のときには太陽は地平線ぎりぎりにいます(図2-6)。そうすると、太陽光線は水平に進んできて水滴に当たり、虹角42度で跳ね返ってきて虹をつくります。このときの虹はきれいな半円です。太陽が昇るにつれて、虹角42度を保ちながら虹は地平線から沈んでいき、円弧の一部しか見えなくなります。地上から仰ぎ見る虹の高さも低くなります。太陽が42度の高度まで昇ると、虹は地平線に隠れてしまいます(→コラム・虹と科学者4)。

日出のときには西に、日没のときには東に、きれいな半円の虹ができて、とても大きく見えます。太陽が高く昇ると円弧の一部の虹しか見えず、小さく感じます。

虹をつくっている水滴までの距離は、その水滴がどこにあるかによって、もちろん違います。ずっと遠くでにわか雨があって、その水滴によって虹がかかるような場合もあれば、たとえば、ゴムホースで空中に水をまいてできる虹もあります。この場合、虹までの距離は違い、虹の大きさも違います。しかし、人はその違いを知ることはできません。ゴムホースで空中に水をまいてできる虹であっても、日出や日没のときに半円の虹が見えると、人は大きいと感じます。ずっと遠くのにわか雨でできた虹であっても、太陽が昇り、円弧の一部しか見えないと小さいと感じます。

人は虹をその正面からしか見ることができません。したがって、虹が見える高さ、言いかえると、その視角の大きさの違いで、虹は大きくも見え、小さくも見えるのです。

虹と科学者4 ガリレオによる虹の高さの説明

ガリレオ・ガリレイ〈1564-1642〉

イタリアの物理学者、天文学者。振子の等時性の発見、落体の法則の発見、地動説の提唱などの業績がある。主著に、『星界からの報告』(1610)、『偽金鑑識官』(1623)、『天文対話』(1632)、『新科学対話』(1638)など。『偽金鑑識官』において、太陽が昇るほど、虹は低くなることを述べている。

［**原典抄録**］虹、暈(かさ)その他類似のもののごとく、光の屈折の効果によって、実際には実在しないほど大きく見えるものはすべて、光る物体(注＝太陽)に同伴し、その光のおかげで、いつでもそれにつきしたがって運動するという掟にしたがう。そこで、虹IHLは、太陽が地平線Aにあれば、その半円の頂点はHであり、もし太陽がAからDへ昇るとすれば、虹もまた反対側で沈み、その半円の頂点Hは、地平線のほうへ傾くであろう。太陽がさらに高く昇れば、虹の頂点Hも、それに応じて低くなるであろう。したがって、虹はつねに、太陽の動く方向と同じ方向へ動くことがあきらかになる。

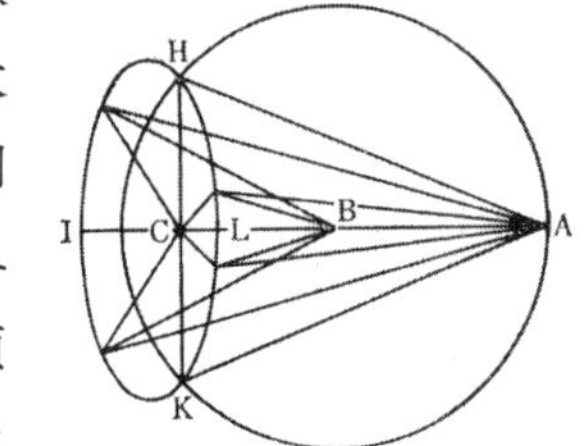

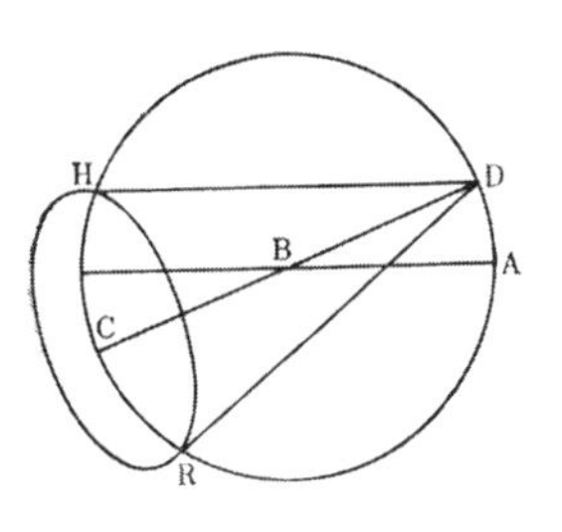

これは、暈や光冠(こうかん)や幻日(げんじつ)についても観測できる。それらはすべて、光る物体のおかげで起こり、それをある一定の距離をおいてとり囲んでいる以上、光る物体の運動によって、やはりつねに同じ側へ運ばれるからである。……ガリレオ『偽金鑑識官』★48 (1623)、第24節

Q5—なぜアーチ型なのか？　丸い虹は？

この疑問についても、Q3「いつ、どこに見えるのか?」と関連づけると、よく理解できます。すでに説明したとおり、地上から虹を見ると、虹は円錐の円弧に沿ってできますから、アーチ型になるのです。地上で見るかぎり、最大でも半円弧の虹で、それ以上大きな虹、丸い虹は見えません。観察者が立つ地面が、円弧の下半分をつくるのをじゃましてしまうのです。

それでは、半円以上の虹、丸い虹を見るにはどうすればよいでしょうか。それには、高いところに登って、そこから下方を見下ろすようなことを考えるとよいでしょう。たとえば、飛行機に搭乗した人が窓から下方を見下ろす場合に、丸い虹が見えたと、しばしば報告しています。

しかし、このときでも、まんまるい虹、円のような虹は観察しにくいです。まんまるい虹ができるのは、太陽が天頂まで上がっていなければならず、また真下を見下ろすというのはできないからです。飛行機に搭乗した人は窓から斜め下方を見ています。そのため、虹の形はやや細長い円、楕円(だえん)になります。放物線のような虹になるかもしれません。ようするに、どのような形になるかは、そのときの太陽高度で変わってきます。

また、下方で雨が降っていなくても、雲の小さい水滴で雲上に丸く白い虹ができることもあります(白虹については第4章で述べます)。

ここで、飛行機に搭乗した人が雲間によく見る丸い虹、虹のように色づいてはいるが、大きさは小さくて、しかもその輪の中に機影が映るという現象は、この本でとりあげている虹ではないことに注意したいです。これは、回折で生じるブロッケン現象です。大気中ではさまざまな光学現象が起こっていて、虹はそのひとつにすぎませんので、注意が必要です(表2-4)。

一般的に、虹は円錐の切り口がつくる曲線(円錐曲線)に沿ってできます(図2-7)。虹角42度を満足する曲線というのは、円錐の底面の円だけではないのです。円錐の表面上にある水滴なら、どこにある水滴から反射してきていても虹角42度を満足しています。したがって、円錐の頂点にいる観察者と太陽、水滴の位置関

●表2-4　大気中に現れるさまざまな光学現象

おもな原因	名称	備考
水滴による反射と屈折	虹	太陽と反対の空に虹色の帯が現れる現象
氷結による屈折	暈（ハロ）、日暈（にちうん）・月暈（げつうん）	太陽や月に薄い雲がかかったさいにその周囲に光の輪が現れる現象
	環水平アーク	太陽の下方にほぼ水平な虹が現れる現象
	環天頂アーク	太陽の上方に虹のような光の帯が現れる現象
	幻日	太陽と同じ高度の、太陽から離れた位置に光が現れる現象
氷結による反射	太陽柱（たいようちゅう）	日出または日没時に太陽から地平線に対して垂直方向へ炎のような形の光芒が現れる現象
	幻日環	天頂を中心として太陽を通る光の輪が現れる現象
散乱	青空、朝日・夕陽、雲の色	
回折	光環（光冠、コロナ）	太陽や月に薄い雲がかかったときに、それらのまわりに縁が色づいた青白い光の円盤が現れる現象
	光輪（グローリー、ブロッケンの妖怪）	太陽などの光が背後から差しこみ、影の側にある雲や霧に、見る人の影を中心にして虹のような光の輪が現れる現象
大気による屈折	蜃気楼（しんきろう）	地上や水上の物体が浮きあがって見える現象
	グリーンフラッシュ	太陽が完全に沈む直前、または昇った直後に、緑色の光が一瞬輝いたようにまたたく現象
	星のまたたき	

（R. Greenler著、小口高・渡邊堯訳『太陽からの贈りもの——虹、ハロ、光輪、蜃気楼 』★4などを参考にした。環水平アーク、光輪については巻頭写真コーナー参照）

係において、虹の形は、円や円弧の一部だけでなく、楕円、放物線、双曲線など、さまざまな形になります(図2-8)。

放物線や双曲線の形の虹は、ふつう、水平虹として観察されます。低空を飛ぶ飛行機に乗った人が観察できることがあります。ほかに朝露に覆われた草原地帯で観察されたりします*(図2-9)。

逆アーチ型の虹が見える可能性もあります(図2-10)。どんなときであるかといえば、太陽を背にした前方、直接光による虹が見える方向に湖などがある場合です。このときに直接光が水滴に当たって散乱して虹光線となった光が、一度水面で反射して眼に入ります。そうすると、鏡に映った景色と同様に、逆アーチになった虹ができます。

デカルトもその著書で、逆アーチ型の虹について興味深く書いています(→コラム・虹と科学者5)。

さきの3重、4重の虹も、湖などの水面での光の反射によっていましたが、観測者に対する反射光の位置が違いますから、注意が必要です。

●図2-7　虹の形と円錐曲線

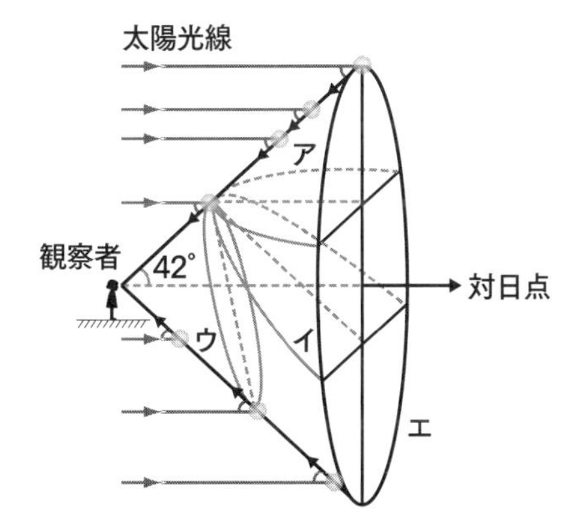

円錐面上のどの水滴から反射した光でも42度の虹角になる。したがって、水滴がどの部分に分布するかで虹の形はさまざまとなる。その形は円錐曲線(ア＝双曲線、イ＝放物線、ウ＝楕円、エ＝円)のどれかである。

＊―たとえば、こんな報告がある。「その虹は、私が立っていた地点を頂点として、私の両側に、私から遠ざかる方向に広がって曲線を描いていた。……この地面の上にみえた虹は円ではなく、もっとカーブがきつく、放物線かそれ以上に狭いものだった」(長谷川眞理子『科学の目 科学のこころ』岩波新書、1999、pp.189-198)。

●図2-8　太陽高度の違いによってさまざまな形に変わる水平虹

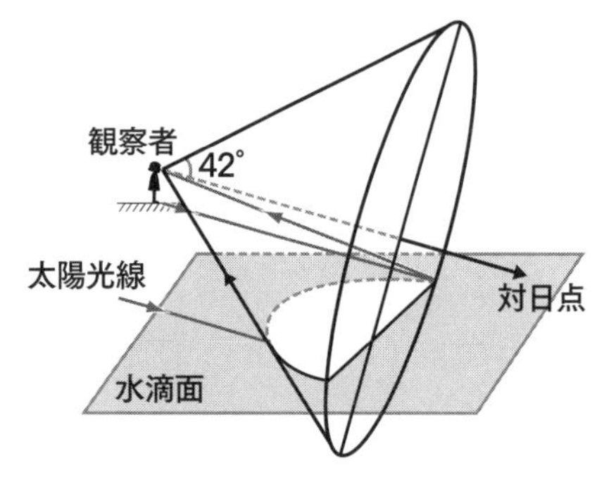

(a)太陽高度42度未満の場合、双曲線形の水平虹ができる。

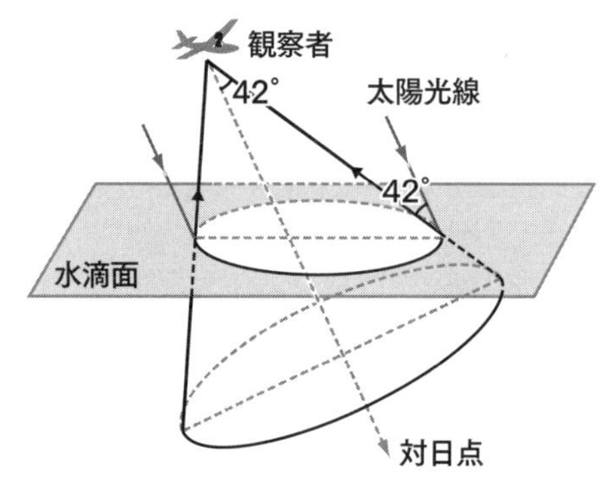

(b)太陽高度42度以上の場合、楕円形の虹ができる。
42度の場合は、放物線の水平虹ができる。

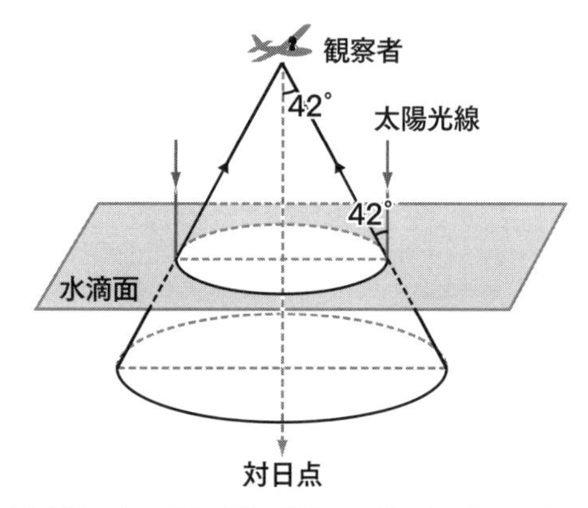

(c)太陽高度90度(天頂)の場合、円形の水平虹ができる。

●図2-9　低い位置から観察される水平虹の実際

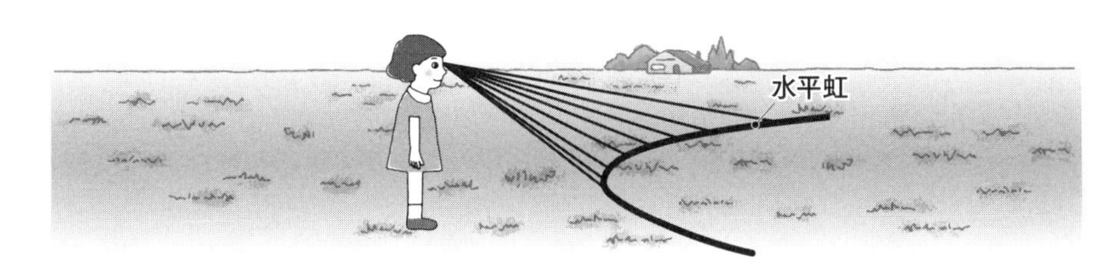

●図2-10　反射光でできる逆アーチ型の虹

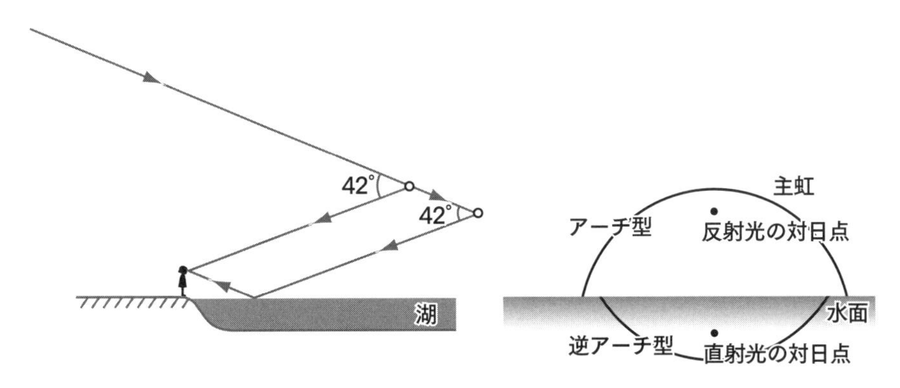

水滴からの虹光線が、前方の水面で反射して人の眼に入り、逆アーチ型となる。ふつうにできた虹が水面に映っているのではない。反射光による虹は、直接光による虹とは違う水滴がつくったものである。

虹と科学者5 デカルトによる逆さ虹の説明

［**原典抄録**］人の言うところでは、ときに空の虹が逆さまになって、その両端が上に曲がったのを見たことがあるという。それは私の判断するところでは、海か湖に射す太陽の光線の反射によってのみ起こりえたと思われる。たとえば、太陽の光線が空の部分SSからきて、水DAEの上に落ち、そこから雨CFのほうに反射するとすれば、目Bは虹FFを見るであろうが、その中心は点Cにあり、したがってCBをAまで延長し、ASは太陽の中心を通るとすれば、角SADと角BAEは相等しく、また角CBFは約42度である。この虹が現れるためには、Eのあたりの水面を乱すような風がまったくないことが必要である。それとともに、Gのような何らかの雲があり、太陽の光が雨のほうにまっすぐ行くことによって、水Eが雨の方へ送る光を消してしまわないことが必要であるから、そんなことはごくまれにしか起こらないことになる。この虹は、空の方に見えるのではなくて、水か地面の方に見える位置にあるのであろう。……デカルト『気象学』★49（1637）、第8講「虹について」

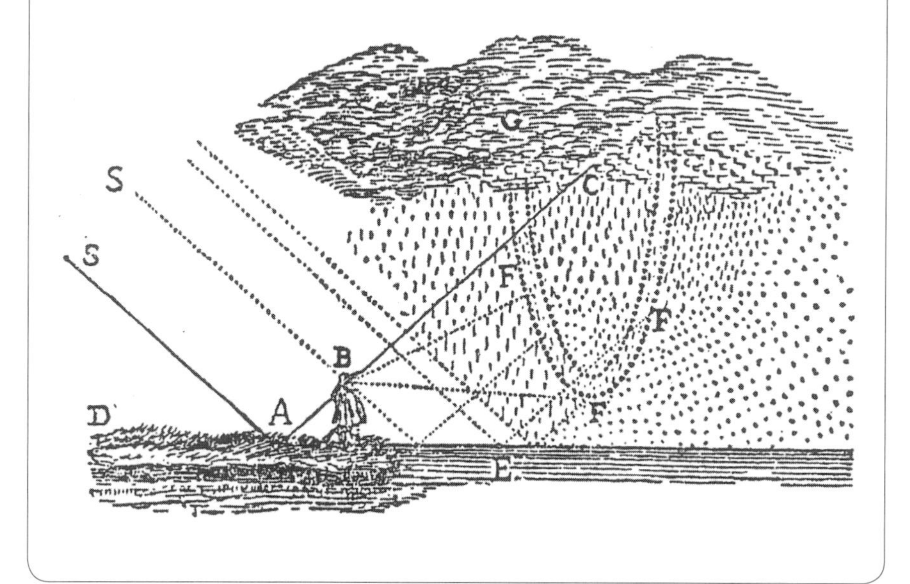

Q6—虹のアーチをくぐれるか？

くりかえしになりますが、主虹の赤では42度の虹角をもつ円錐の円弧に沿って虹ができています。つねにこの関係が成り立っています。

このことは、太陽の光が当たって、観察者に届く虹光線を出した水滴は、観察者ごとに異なることを意味しています。ふたりなかよく並んで虹を観察していても、同じ水滴から届いた虹光線を見ているわけではないのです。ふたりは別の水滴がつくった異なる虹を見ているのです。

あるいはこんなふうにも言えます。ひとりの観察者がいて、彼が移動すれば、移動した距離だけ離れた水滴がつくった虹光線を見ているということです(図2-11)。たとえば左に動けば、その動いた距離だけ左にある水滴から、右に動けば、その動いた距離だけ右にある水滴から届いた虹光線を見ていることになります。前に近づけばその距離だけ前の水滴から、うしろに近づけばその距離だけうしろにある水滴から届いた虹光線を見ていることになります。

このことから、虹のアーチをくぐろうと思って近づいても、また虹の根元に行ってみようとして近づいても、近づいた距離だけ、虹はうしろに遠ざかってしまうのです。ですから、虹のアーチをくぐることは、けっしてできないのです。虹をつかむこともできません。

●図2-11　観察者と虹との位置関係

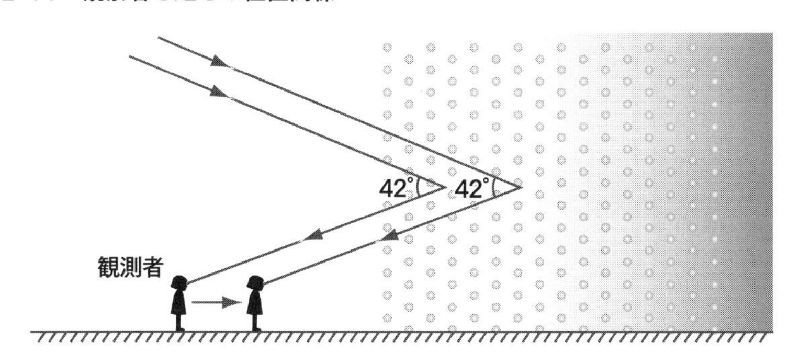

観察者が移動すれば移動した距離だけ、離れたところにある別の水滴から届いた虹光線を見ている。観察者がどう移動しても、虹角はつねに42度に保たれている。

Q7—虹は7色か?

虹として現れた色として、赤色と紫色を例にして、このふたつだけで話を進めてきましたが、ふつう、このあいだに5色を加えて、赤、橙、黄、緑、青、藍、紫の7色とし、虹は7色などといいます。しかし太陽光には、いろいろな色の光が連続してふくまれています。したがって現れた虹の色にも、いろいろな色が連続してふくまれています。単純に、この7色と決めつけることはできません。赤のなかにも、濃い赤もあれば橙に近い赤もあります。赤と橙のあいだにも無数の色があるはずです。無数の色があるというのでは、際限がありませんので、7色と限定し定着したのです。いろいろな色の名称を使いわけて、クレパスなどの12色や24色と同様に、虹は12色、24色といってもよいのかもしれません。

虹は何色か。3色か5色か、あるいは6色か7色か、などというのは、虹の文化や民俗学を考える場合には大事な視点ですが、自然科学的な側面から虹の色を考えるのには無意味です。虹の色は無数にあるのです。しかし、人間の感覚として、赤みがかっていたり、黄色が強く出ていたりと、ときに虹の色はさまざまな様相を示します。そのことを理解したうえで、ふつうには十分定着した慣例にしたがい、虹は7色といってもさしつかえありません。ニュートンも虹の色を7色に区分していることは、すでに述べました(→コラム・虹と科学者1)。

虹の細かい色あいはどのようにして決まるかという問題は、水滴の大きさの問題とともに、つぎの章でとりあげることにします。

虹の不思議Q7「虹は7色か?」はまだ課題を残しましたが、おおよそ虹の不思議を解き明かすことができました。

ここで2点だけ注意しておきます。いずれも水粒に関することです(→コラム・虹と雨1、2)。

1点目は、雨粒のそれぞれの水滴はその場に静止しているわけではないということです。小さい水滴の場合でもゆっくり落下しています。上昇気流に乗って上に昇っていることもあるでしょう。そんな動きのある水滴でも、虹角を満足する位置まで落下してきて、その瞬間ごとにつぎつぎと光を跳ね返し、観察者の眼まで光を送りとどけているのです。虹は静止していても、それをつくる水滴と光は、映画のように動いているのです。そういう面で、虹は残像現象といえるでしょう。

注意しておきたい2点目は、水滴の形や大きさの問題です。

雨粒となって落下しているときの水滴は、まんまるい球なのでしょうか。第1章で試みた作図などの考察では、完全な球としましたが、水滴の形は、その大きさとも関係し、大きい水滴では下面が平たくなり、饅頭型になってきます。こんなゆがんだ水滴に太陽光が当たると、射出する虹光線の向きも少し変わってくるはずです。水滴のゆがみが大きくなりすぎると虹光線をつくらなくなることもあるでしょう。

それでも、ある位置に観察者が立ち、虹が見えているのであれば、そこに虹光線が届いているということですから、水滴はほぼ球形と見なしてよいでしょう。あるいは、水滴によってつくられた虹のゆがみ観測から、逆に水滴のゆがみを推定することも可能です。

水滴の大きさに関しても、高いところからゆっくり落下している水滴は落下しながら、もっと小さな水滴とくっついて大きくなっているかもしれません。そうすると、虹の頭の部分と根元の部分ではほんのわずかに、色の出ぐあいが違うかもしれません。

つぎの章で、虹の色あいの問題とともにとりあげましょう。

虹と科学者6 ニュートンによる虹の説明

ニュートンは、プリズムをもちいた太陽光の色分散の実験の結果を虹に適用し、デカルトがやり残した虹の色もふくめて、虹の問題を解き明かした。

［原典抄録］

命題Ⅸ問題Ⅳ 「発見された光の諸性質によって虹の色を説明すること」

虹というものは、太陽が輝いているとき雨が降っているところでなければ現れないが、水を上に向かって噴出させ空中で消散して滴となり、雨のように降らせることによって、人工的につくることもできる。なぜなら、太陽がこれらの滴を照らすと、それは雨と太陽に対して適当な位置に立っている観察者に、虹を生じさせるからである。したがって虹が、太陽の光が雨の滴のなかで屈折することによって生じることは、いまでは認められている。

このことはむかしでも理解している人が何人かいたが、最近ではドミニスによって完全に発見され説明された。彼は、内側の虹が、雨の丸い滴のなかで、太陽の光の2回の屈折と1回の反射によってどのように生じるか、そしてまた外側の虹が2回の屈折と2回の反射によってどのように生じるかを教えている。ドミニスと同様に、デカルトも外側の虹の解釈を改良したが、かれらは色の真の起原を理解していなかったから、ここでいま少しそれを追求する必要がある。

虹の発生を理解するために、雨の1滴、または球形の透明な物体を、中心をC、半径をCNとして描かれる球BNFGで表す。ANは太陽の1本の射線であり、Nでその球に入り、そこから屈折してFに行き、そこで屈折して球の外に出てVへ行くか、反射してGに行くものとする。G

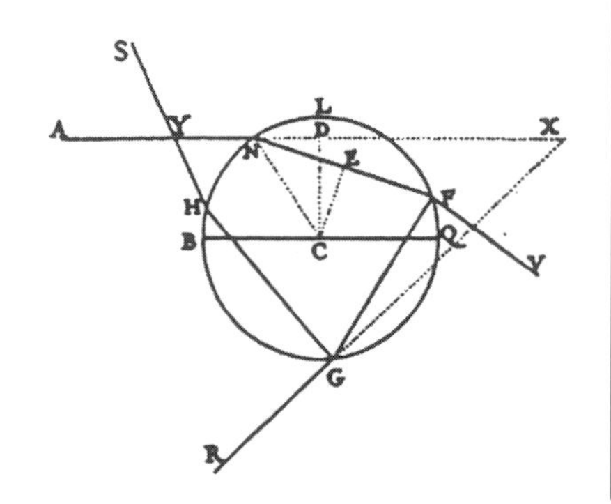

で屈折によって外へ出てRに行くか、反射してHに行くものとする。Hで屈折によって外に出てSに向かい、入射線とYで交わるものとする。……

ところで注目すべきことは、太陽がその回帰線に来ると、昼の長さは長いあいだほとんど増減しないように、距離CDを増大させて、角AXRが極限に達すると、しばらくのあいだそれらの量はほとんど変化しないことである。したがって、象限BL内のすべての点Nに落ちる射線のうち、これらの極限内の角で出るものは、ほかの傾きで出るものよりもはるかに多い。さらに注目すべきことは、屈折性の異なる度あいに応じて、それぞれ異なる角で大量に射出し、たがいに分離されることによって、それら固有の色を現すことである。……

内側の虹は、内側から外側に進むにつれて、菫(すみれ)・藍・青・緑・黄・橙・赤の順番になる。同様に外側の虹は、内側から外側に進むにつれて、赤・橙・黄・緑・青・藍・菫の順番になる。……

こうして、水滴のなかでの1回の反射によってつくられる内側の濃い虹と、2回の反射によってつくられる外側の弱い虹とのふたつの虹が生じる。なぜなら、反射のたびに光は弱くなるからである。そしてそれらの色はたがいに逆に並ぶ。

内側の虹EOFの幅を、諸色と直交して測ると1度45分であり、外側の虹GOHの幅は3度10分であろう。内側の虹の最大半径、すなわち角POFは

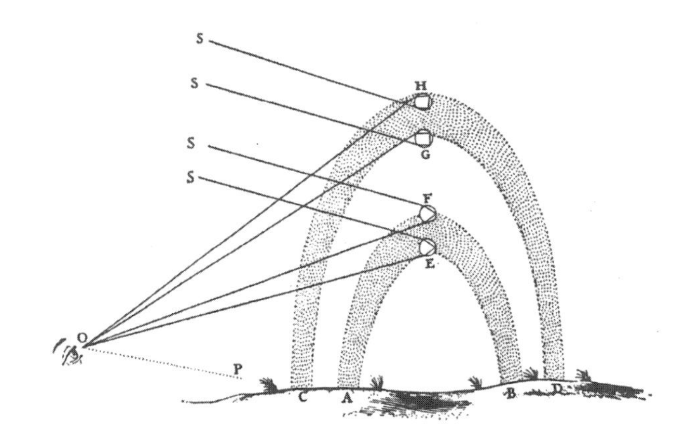

42度2分、外側の虹の最小半径POGは50度57分であるから、ふたつの虹の間隔GOFは8度55分である。これらは太陽を一点としたときの測定値である。なぜなら、太陽の幅によって、虹の幅は半度だけ大きくなり、虹と虹の間隔は半度だけ小さくなるであろう。したがって、内側の虹の幅は2度15分、外側の虹の幅は3度40分、それらの間隔は8度25分、内側の虹の最大半径は42度17分、そして外側の虹の最小半径は50度42分となろう。天空にかかる虹の大きさは、その色が濃く、完璧に見えるときは、ほぼこのようなものである。

私は一度、当時おこなっていた方法で測定したところ、内側の虹の最大半径は約42度、またその虹の赤、黄、緑の幅は63または64分であった。ただし、雲の明るさでぼやけたもっとも外側の弱い赤は除外したが、これを入れれば3または4分大きくなるであろう。青の幅は、菫をのぞいて約40分であった。菫は雲の明るさによってひじょうにぼやけていたので、私はその幅を測ることができなかったのである。しかし、青と藍とを合わせた幅が、赤、黄、緑を合わせた幅と等しいと仮定すれば、この虹全体の幅は約$2\frac{1}{2}$度となるであろう。この虹と外側の虹との最小の距離は約8度30分であった。外側の虹は内側の虹より幅が広かったが、ひじょうに弱く、とくに青の側で弱かったので、私はその幅を明確に測定できなかった。

ふたつの虹がいずれももっと明瞭に現れた別の機会に測定したところ、内側の虹の幅は2度10分、また外側の虹の赤、黄、緑の幅は、内側の虹の同じ色の幅に対して3対2であった。

雨滴のなかを、2回屈折し、反射せずに通り抜けてくる光は、太陽から約26度の距離にもっとも強く現れ、それより距離が増減するにつれて両方向に衰えるはずである。

2回の屈折と3回またはそれ以上の反射ののちに雨滴を通過してくる光は、感知できる虹を生じるほど強くはない。

……ニュートン『光学』★51（1704）

虹と雨1 水滴の大きさと落下の速さ

雲中でできた水滴が落下してきたのが雨で、その大きさは、半径0.1mmから最大でも2～3mm、平均では半径1mm程度とされています。

雨として落下中の水滴の数は、おおそ1m³中に10粒～1000粒程度、雲内での水滴数は1cm³中に10粒～1000粒程度とされています。

水滴には重力のほかに、落下にともなう空気による抵抗力が働きます。この抵抗力は、水滴の落下の速さが速くなるほど大きくなって、重力と同じ大きさになったところで、一定の速さとなります。水滴の落下時には、このふたつの力がつりあった状態になっていて、このときの速さを終端速度といいます。水滴が大きくなるほど重力も終端速度も大きくなりますが、水滴の大きさがある程度以上になると、ほぼ一定の速さ9m/sになります。

●表2-5 水滴の大きさと落下の速さ(終端速度)

	半径 mm	落下の速さ cm/s	1000m落下するのにかかる時間
雲粒	0.001	0.03	1月
	0.002	0.1	11日
	0.004	0.5	2日と8時間
	0.008	2	14時間
霧雨粒	0.01	3	9時間
	0.02	4.7	6時間
	0.04	17.5	1時間半
	0.08	52.7	32分
雨粒	0.1	71	24分
	0.2	150	10分
	0.4	325	5分
	0.8	565	3分
	1.0	649	2分半
	2.0	883	2分

(浅井冨雄・新田尚・松野太郎★41、p.36)

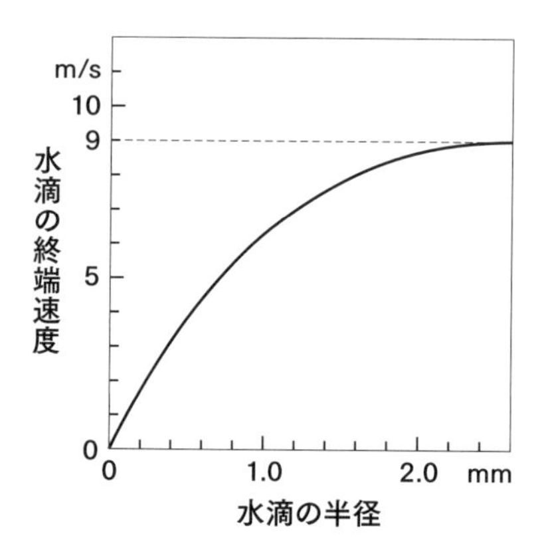

もう少し細かく見ると、水滴の大きさが小さすぎると、ほとんど落下できずに浮かんだ状態になります。蒸発して消えてしまったりもします。落下をはじめた水滴も、その大きさがつねに一定というのではなく、まわりのもっと小さい雨滴と接触して、さらに大きくなったり、大きくなりすぎて大小多数の水滴に割れたりして、落下していると考えられます。

●典型的な雲粒と雨粒の大きさの比較

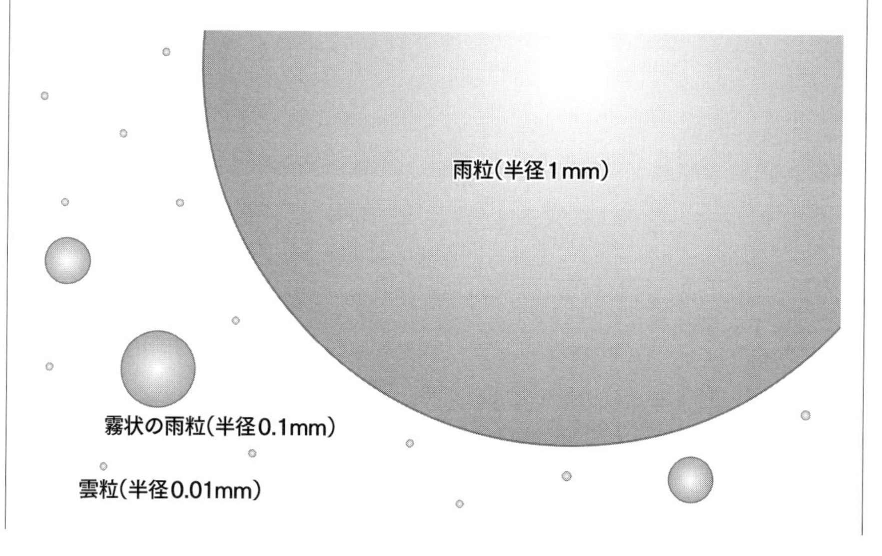

虹と雨2　水滴の形

水の滴があると、表面張力というその表面積をなるべく小さくしようとする力が働くので、球形になります。しかしこの水滴には地球が引く重力も働くので、水滴が大きくなるとゆがんできます。雲内での水滴やほとんど落下してこない霧雨であれば、とても小さいので、重力の影響は小さく球形です。

落下中の水滴は、その下部は多数の空気の分子から力を受けていますから、大きな水滴ほどその下面が平たくなります。よく饅頭型とよばれています。上下に細長い滴の形にはなりません。標準的な大きさの雨粒、半径1mm程度までの大きさの水滴ならそのゆがみは小さいといえます。

●落下中の水滴の形

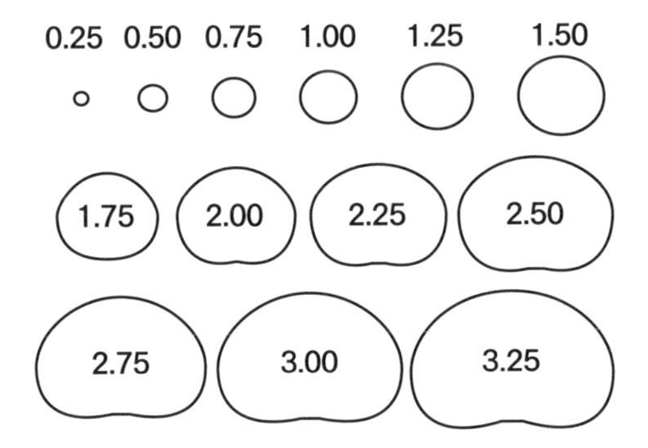

理論値。数値は同体積の球の半径(小口知宏★38)。大きな水滴では下面が平たい饅頭型になっている。

第3章 波としての光
光と水滴の基礎知識2

第2章では、残念ながら虹の不思議をすべて解き明かすことはできませんでした。とくにQ7の虹の色の問題が残されました。第3章では、これを解決するために、もう1度、光がもつ性質を考えなおしてみます。
光の本性を考えてみると、光は粒子としての性質と波動としての性質をあわせもっていることに気づきます。そのために幾何光学として、反射と屈折だけで水滴内の光の道筋をたどるだけでは不十分なのです。波動光学として、回折や干渉の効果を考えなければならないということです。
第3章では、これらの基本性質を学んだのち、水滴にあてはめてみます。第1章同様に実験や作図をしながら学んでいきましょう。

カスパー・ダーヴィト・フリードリヒ
「虹のかかる山岳風景」1810
フォルクヴァンク美術館

1—光の性質・その2

光の回折

丸い穴の開いた薄い板に光を当てたとき、その後方にはどんな影ができるでしょうか。穴の大きさが10cmであれば、光は直進しますから、穴の大きさと同じ10cmの部分は明るく、その周囲には影ができて、明暗がわりあいはっきりしています(図3-1)。しかし、穴の大きさをだんだんと小さく、1cm、1mm、……としていくと、明るい円の大きさは穴の大きさよりはるかに広がっていきます。ほんらい暗い部分にも、光が広がっていくのです。

●図3-1　光の回折

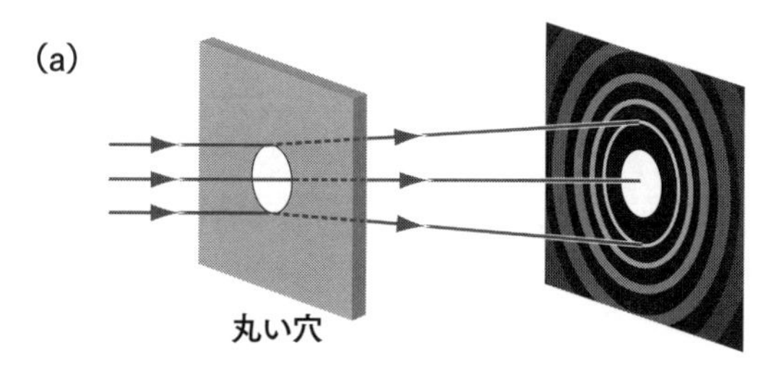

(a)小さな丸い穴を通りすぎた光は、板の背後まで回りこんで進み、しまの輪ができる。

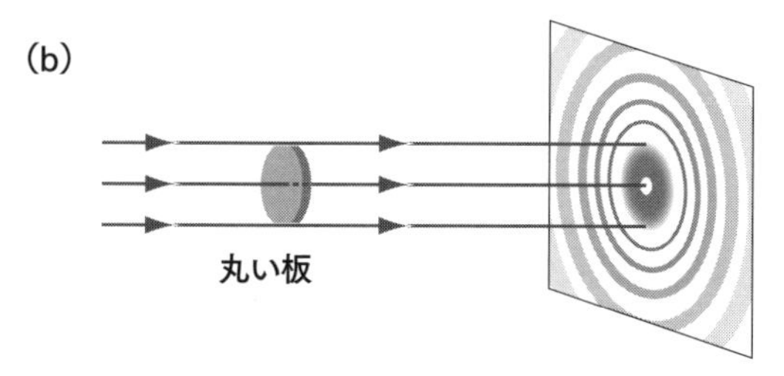

(b)小さな丸い板に当たった光は、その背後にまで回りこんで進み、中心部にもっとも強い輝点(ポアソンの輝点)ができる。

いずれの場合も、背後に回りこむ回折の程度は、赤色が紫色よりも大きい。屈折の程度(屈折率)は、紫色が赤色よりも大きいので、両者は反対の関係にある。

よく似たことですが、こんどは、丸い板に光を当てたときにも、その後方にはその円板とほぼ同じ大きさの影ができますが、円板が小さいときには、影になる部分にまで光は回りこんで進み、とくにその中心部分がひときわ輝きます*。いずれの場合にも、太陽光では、色までついた輪が現れてきます。じっさいのところ、穴や丸い円板が大きくても、この現象は起こっているのですが、顕著でないので気がつかないのです。上で、わりあい、ほぼ、といったのはそのためです。

この現象は、光は、障害物の背後にまで回りこんで進むという意味から、光の回折といいます。

光の干渉

部屋に蛍光灯の照明器具がついていて、ひとつを点灯しても暗いので、もうひとつを点灯すれば2倍明るくなります。ふたつの懐中電灯で1点を照らせば、ひとつのときより2倍明るくなります。光に光を重ねると、より明るくなるのはあたりまえに思えます。

●図3-2　ヤングの光の干渉実験の原理

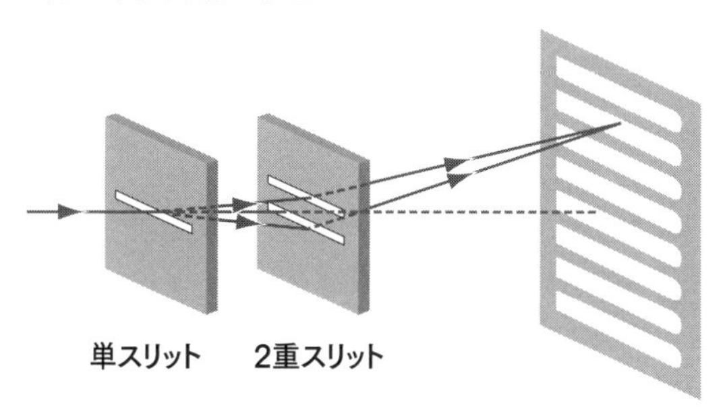

小さな単スリット(すきま)を通り抜けた光は回折して、2重スリットを通り抜ける。ここでまた回折して進んだふたつの光線は前方で重なって、明暗の縞(しま)模様ができる。

---

*—ポアソンの輝点という。ポアソン(1781-1840)は、円板の中心の光の強さを後述の波の重ねあわせの原理にもとづいて数学的に計算し、輝点となることを予告していたが、この結果は実験ともよく一致した(1818)。この事実は、光の波動説の有力な根拠となった。

この常識を巧妙な実験で覆したのがヤングです。光に光を重ねて闇をつくることに成功したのです。今日、2重スリットの実験といわれています(図3-2、→コラム・虹と科学者7)。その実験は、ひとつの光源から出た光が異なった道筋をたどってたがいに同じ場所に届くようにしたものです。そうすると、明るいところと暗いところとが縞(しま)模様となって現れたのです。

このように、ふたつの光が重なって、たがいに強めあったり弱めあったりする現象を、光の干渉といいます。

光の本性

光は回折したり、干渉したりする。この事実をどのように説明すればよいでしょうか。これは、光の本性をどう考えるかの問題となってきます。

光も何かの運動に基因して、それが伝わってきたものにちがいありません。ものの運動を考えるとき、一般に、物体としての運動と波動としての運動が考えられます。ボールでキャッチボールをしたりするのは、ボールという物体の運動です。それに対して、水面にできる波のような伝達もあります。このふたつの運動の大きな違いは、物体の運動ではその物体自身が動いているのに対して、波動では波動を伝える物質、水波なら水自身が遠方へと動いているのとは違うことです。波形だけが進んでいます。ふたつの運動は、当たると相手の物体に衝撃を与えますから、ともにエネルギーをもっている点では同じです。

光も、光源から小さな粒が飛びだしてくるとする考え方(光の粒子説)と、波動として伝わってくるとする考え方(波動説)ができます。太陽から降りそそぐ光は、粒子説では、ボールのような多数の小さな粒が飛んできていることになりますし、波動説では、水面にできるような波がやってきていることになります。

光の回折の現象は、ちょうど港の防波堤の背後まで波が回りこんでくる現象に似ています。光の干渉現象も池の水面の2か所でできた波が重なって縞模様ができる現象に似ています。光の直進は粒子説でも波動説でも説明できますが、回折や干渉は波動説でないと説明できません。光が粒であるなら、障害物で完全に遮(さえぎ)られて、その背後まで回りこんでくることはありえないからです。

虹と科学者7 ヤングの光の干渉実験

トーマス・ヤング〈1773-1829〉

イギリスの物理学者、医師。医学・光学・弾性学・考古学など多方面にすぐれた業績を残した。主著『自然哲学と機械技術に関する講義』全2巻(1807)。光の研究では、1801年、2重スリットを使った巧妙な実験によって、明暗の干渉縞(かんしょうじま)をつくることに成功し、光の波動説を復活させた。光の本性をめぐって、波動説のホイヘンス学派と粒子説のニュートン学派が論争したのち、18世紀には、ホイヘンス学派の波動説はすっかり姿を消していたのである。ヤングは、過剰虹が見えるしくみを、光の干渉により説明することにはじめて成功した(1804)。

[原典抄録]

私は、ニュートン卿なんてたいした哲学者ではなかった、とほのめかしたと非難されている。しかし、公平な人物だったら、私がもっとも盲目的な彼の信奉者、ならびにもっとも寄生的な彼の擁護者にも劣らぬほど、彼の比類ない天才と学殖を高く評価していることを感じとることなしには、私の光の問題を読むことは不可能なはずである。彼の功績は侵すべからざるものであり、比較を絶するものであること、白色光の複合性の発見だけでも彼の名は不朽であること、光の放射に関する彼の仮説を覆そうとするあらゆる論証が、彼の実験のみごとな正確さのもっとも有力な証明を与えること、そしてだれでも、最大の妥当性をもって、ニュートンの承認というお墨付きのあるすべての学説を遵奉することができることを、私は認めていた。

しかし、私は、ニュートンの名をおおいに崇敬しているのであるが、それゆえに、彼はぜったいに不謬(ふびゅう)であると信じるわけにはいかないのである。私は、喜び勇んでではなく、残念に思いながら、彼が誤りを犯すこともあること、また彼の権威がときには科学の進歩を遅らせることさえあることを、認めざるをえないのである。

私が、ニュートンのみごとな諸実験の検討によって、これまでに知られていたほかのいかなる光学の原理よりも広く、多岐にわたる興味ある現象を説明できるように思える法則を発見したのは1801年5月のことであった。この法則を比喩によって説明することにしよう。

……ヤング「『フィロソフィカル・トランザクションズ』誌に発表した諸論文に対する『エディンバラ・レヴュー』誌の悪意ある批評への回答」★59（1804）

あらゆる側面から見て、光の本性はつぎのふたつのうちのいずれかにあると考えることが許されよう。そのひとつは発光体からの微粒子の放射であって、それらの微粒子は、じっさいに放射され光速度で動きつづけるという考えである。もうひとつは宇宙に偏在する高度に軽くて弾性的な媒質における、音を構成するのと類似した波動運動の励起であるという考えである。

任意の与えられた色の光が、与えられた波長または振動数の波動からなっているとするならば、これらの波動はわれわれが水波や音波の場合にすでに調べた効果を受けなくてはならないことになる。たがいに近くにある波源から出たふたつの等しい一連の波が、ある点でたがいの効果を打ち消しあい、別の点では強めあって見られることは知られている。ふたつの音のうなりも、同じような干渉で説明された。いまや、われわれは、交互に現れる色の明暗について同じ原理を適用すべきである。

ふたつの部分光の効果が結合されるためには、それらは同じ光源から出て異なった経路をたどって、たがいにあまりはずれた方向ではなく、同じ場所に達することが必要である。このずれは、回折・反射・屈折あるいはこれらが合併した効果によって、部分光の一方、または両方においてつくられるだろう。

しかし、もっともかんたんな場合は、均一な光束が、2個のひじょうに小さなスリットをもった衝立（ついたて）に入ってきたときである。そのスリットは発散の中心と考えられ、そこから光はあらゆる方向に回折する。この場合、新しくつくられた2本の光束を、それを遮るように置かれた面で受けると、光は暗い縞によってだいたい等しい部分に分割される。それらは面がスリットから

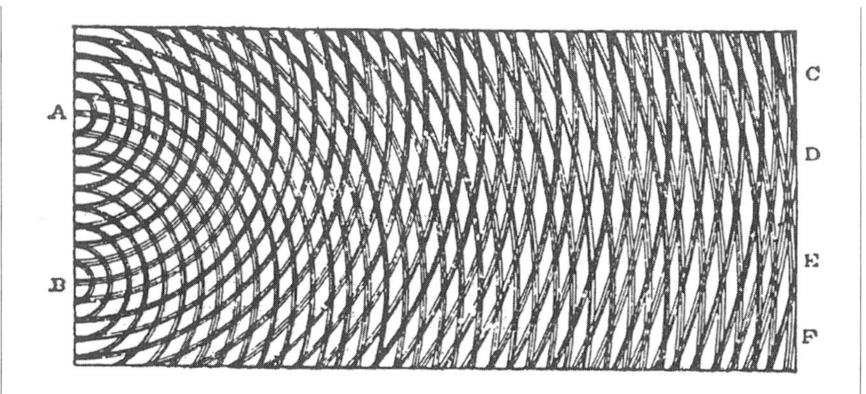

ふたつの小さな穴A、Bを通り抜けた光が波動として進むようす。光波は、水波と同じような波紋をつくって伝わり、前方のC、D、E、Fで重なって光の明暗をつくる。

遠くにあるほど、すべての距離でスリットからほとんど同じ角を張るようにして広くなり、スリットがたがいに近くなるのに比例して広くなる。ふたつの部分の中央はいつも明るく、両側の明るい縞はある一定の距離にあって、スリットの一方から出た光は他方から出た光より、仮定した波長の1倍、2倍、3倍……の幅に等しい間隔だけより長い距離を通過してきたはずである。一方、そのあいだにある暗い縞は、考えている波長の$\frac{1}{2}$倍、$1\frac{1}{2}$倍、$2\frac{1}{2}$倍、……の差に相当する。

……ヤング「光と色の本性について」★53、『自然哲学と機械技術に関する講義』第1巻(1807)

光波の波長

波動を考える場合には、それを特徴づける量として一区切りの長さ、波長という量が大事になります。これは波の山から山まで、または谷から谷までの長さで表します。波長が短ければせわしくうねった波、波長が長ければゆったりうねった波となります(図3-3)。

光も波動として扱うのですから、光の波の波長をつかんでおく必要があります。人の眼に見える光、いわゆる可視光線で10^{-4}mm程度、すなわち1mmの1万分の1程度で、波長の短い紫色から波長の長い赤色まで7色が連続して分布しています(図3-4)。光の波長はこんなに短いわけですが、赤色と紫色では2倍程度違っていることになります。この可視光の両側には、さらに波長の短い紫外線、長い赤外線が広がっています。

光が波動であるとはいっても、その波の形を直接に見ることはできませんが、干渉や回折を起こすということが波動の現れと理解できるのです。そしてまた、波長程度の大きさの世界において、干渉や回折の現象はきわだって起こるといえるのです。

●図3-3　波の波長

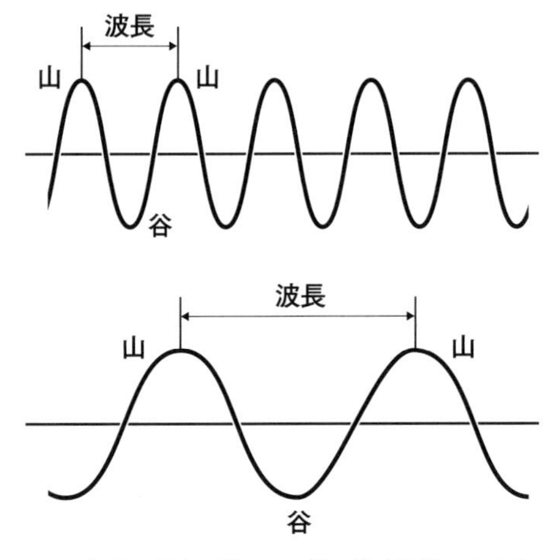

この波長の長さの違いで、波の働きは違ってくる。

●図3-4　可視光線の波長と7色

波長λ(×10^{-4}mm)	3.8	4.3	4.6	5.0	5.5	5.9	6.4	7.7
可視光線の色	紫	藍	青	緑	黄	橙	赤	

(『理科年表』では6色に区分されている。色の感覚は個人差もあるので、この区分は一律ではない)

光の散乱

光の波長を理解したところで、波長による散乱の違いについて見てみましょう(図3-5)。すでに第1章で、雨滴に当たった光が反射や屈折をくりかえし、雨滴から射出してくることを学びました。このときにも、散乱ということばを使いましたが、一般に、いろいろな粒子や波動が別の標的粒子に当たって向きを変えることを散乱といいます。

一口に雨粒といっても、その大きさは霧雨の半径0.01mmくらいから大粒の2～3mmと100倍以上も違っていますから、散乱の仕方が違うのはあたりまえともいえます。

雨滴が大きいときには、可視光の波長は著しく小さい関係になりますので、光が粒子か波動かなどと考えることなく、雨滴内を通過する光の道筋だけの考察でまにあいます。水を入れたフラスコに光を当てた場合は、その典型といえます。これは幾何光学的散乱といいます。第1章と第2章で学んだことは、この立場に立っています。

しかし雨滴の大きさが小さくなり可視光の波長に近づいてくると、雨滴内の道筋うんぬんなどいえなくなります。

標的粒子の大きさと光の波長とが同じくらいになると、散乱の程度はあまり波長に関係しません。どの波長の光も同様に散乱します。この散乱をミー散乱といいます。

可視光の波長に近い雲粒や浮遊微粒子では、この効果が現れてきます。どの波長の光も同様な散乱をしていて、それが地上に降りてきてあわさって人の眼に入ってきます。この結果、雲は白く見えるのです。浮遊微粒子の場合でも、濁った白色になってくるのです。

●図3-5　さまざまな大きさの粒子による光の散乱

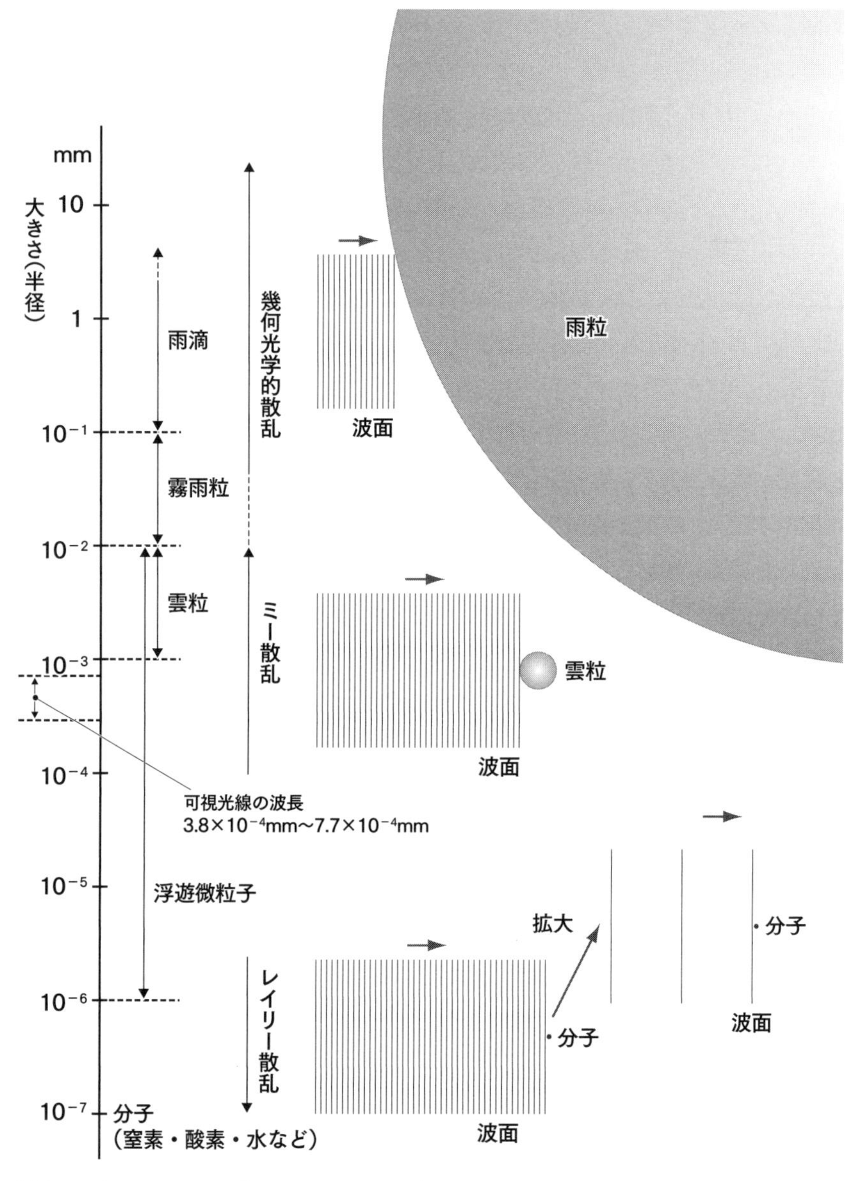

浮遊微粒子は総称してエーロゾルという。海塩粒子(海面で海水の泡が壊れるときに多数の微粒子となって発生し空中に舞い上がったもの)、土壌粒子(乾燥した土壌粒子が風によって舞い上がったもの)、煤煙粒子(工場などの煙突から出る微粒子)、植物性微粒子(花粉の胞子が砕けて空中を漂っているもの)など。

標的粒子の大きさが光の波長に比べてはるかに小さくなると、標的粒子の大きさに対して、光の波長の影響が大きく効いてくるようになり、散乱光の強さは波長の4乗に反比例します。言いかえると、波長の短い光ほど4乗に比例して強く散乱するということです。この散乱をレイリー散乱といいます。

この代表的な散乱は、空気分子と太陽光との散乱です。空気はおもに窒素と酸素からできていますが、その大きさは10^{-7}mm程度です。可視光線は10^{-4}mm程度で、空気分子はその1000分の1程度に小さいのです。しかし、その小さい空気分子から見ると、同じ可視光線でも赤色と紫色とでは、その波長がほぼ2倍も違います。波長の短い紫色は2^4倍、16倍もよく散乱することになります。太陽光が地球をとり巻く大気層に入射してくると、大気の分子に当たり、青色など波長の短い色を周囲に散乱させていきます。地表に届いた頃には波長の短い光は少なくなっています。とくに太陽が地平線近くに来る、朝方や夕方には太陽光が通過する大気層が長くなるので、その効果が顕著になり、太陽は赤っぽく見えてきます(図3-6)。空はといえば青色の散乱光に満ちあふれ、これが眼に届いて空は青く見えます。空は青く、朝日や夕陽が赤くなるのはこのためです。

●図3-6　太陽が天頂にあるときと地平線にあるときの光の行路の違い

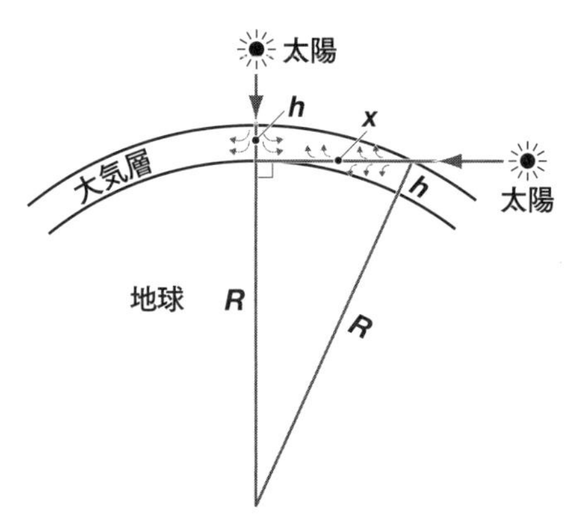

太陽が天頂にあるときの行路をh、地平線にあるときの行路をxとすると、地球の半径をRとして、$x=\sqrt{h(2R+h)}$の関係式が成り立つ。たとえば、大気層の厚さ$h=100$kmで計算してみると、$x=1130$kmとなる(地球の半径$R=6370$km)。したがって、太陽が地平線にあるときには、天頂にあるときに比べて10倍以上の空気層を通過して、光は地表に届くので、そのあいだに青色の光はほとんど散乱されてしまうことになる。

波動の伝わり方と重ねあわせの原理

さて、光が波動として伝わるということを、どのように理解すればよいのでしょうか。水波の場合も同様ですが、山や谷の部分をつないでできる面を波面といいます。波動とは、この波面がつぎつぎと進行していることになります。この進行方向と波面とは直角に交わります。

ひとつの波面がつぎの波面へとどのように進むのかは、素元波をもちいて説明されています。それは、ひとつの波面上の無数の点を波源とする小さな波(これを素元波という)が出ていて、これをすべて重ねあわせたものがつぎの波面となり、これをくりかえして波動は進行していくというものです(図3-7)。これをホイヘンスの原理(重ねあわせの原理)といいます(→コラム・虹と科学者8)。

●図3-7　素元波の重ねあわせと波面の進行(ホイヘンスの原理)

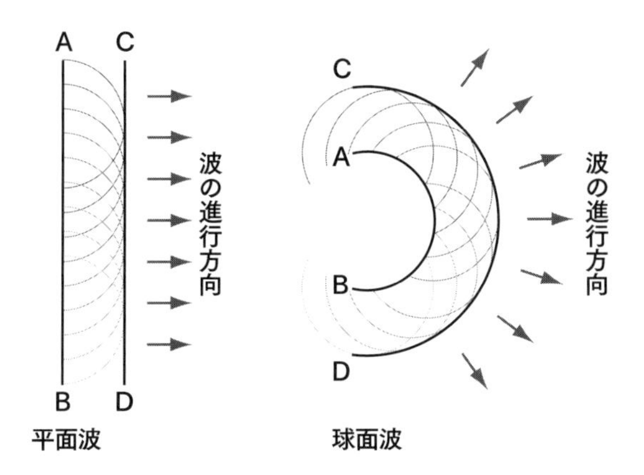

波源から送りだされたひとつの波面をABとする。この波面AB上のすべての点からまったく等しい小波(素元波)が出ていて、その素元波をすべて重ねあわせたものがつぎの波面となる。

光の性質についてあらたに学んだことをもとに、これからふたつの課題を考えてみます。ひとつは水滴に当たった光波の干渉、もうひとつは水滴に当たった光波の散乱と強度の課題です。

虹と科学者8 ホイヘンスの光の波動説と波の進行の説明

クリスチャン・ホイヘンス〈1627-1695〉

オランダの科学者。数学、物理学、天文学など自然科学の広い分野で業績を残した。主著『振子時計』(1673)、『光についての論考』(1690)。波面の進行を素元波の重ねあわせで説明するホイヘンスの原理を立て、光の本性に関して、波動説を展開した。

[原典抄録] 光はきわめて速く進み、異なる地点から、たとえば正反対の方向からやってくるときでさえ、光はたがいに妨げあうことなく通過する。このことを考えてみると、光は、弾丸や矢が空気中を飛ぶように、ある物質が発光体を離れて運ばれてくるものではないことがよくわかる。光の伝搬は、これと違う何かなのである。このことを理解させてくれるのは、空気中の音の伝搬についての知識である。

音は、眼に見えず、手に触れることもできない空気を伝わって、音源から四方へ、空気中の1点からつぎの点へとつぎつぎに進んでいく運動として、広がっていくことを知っている。また、この運動はすべての方向に等しい速さで広がるので、球面を形づくるはずであり、光が発光体からわれわれの眼へとやってくるのも、両者間に存在する物質にひき起こされたなんらかの運動によってであることは疑う余地がない。光がその伝搬に時間がかかるとすれば、音と同様に球面として広がっていくであろう。これを波面とよぶのは、石を投げこんだときに、水面にできる波に似ているからである。

この波面の発生とそれが広がる仕方についてはくわしく考究しなければならない。まず第1に、太陽やロウソクや真っ赤におこった炭などの発光体の小部分がそれぞれそこを中心とする波面を生むことになる。ロウソクの炎の中に点A、B、Cを区別するとき、それぞれの点のまわりに描かれた同心円はそれぞれの点から発した波面を表している。炎の内部の一部および表面のおのおのの点のまわりについても、同様に理解しなければならない。

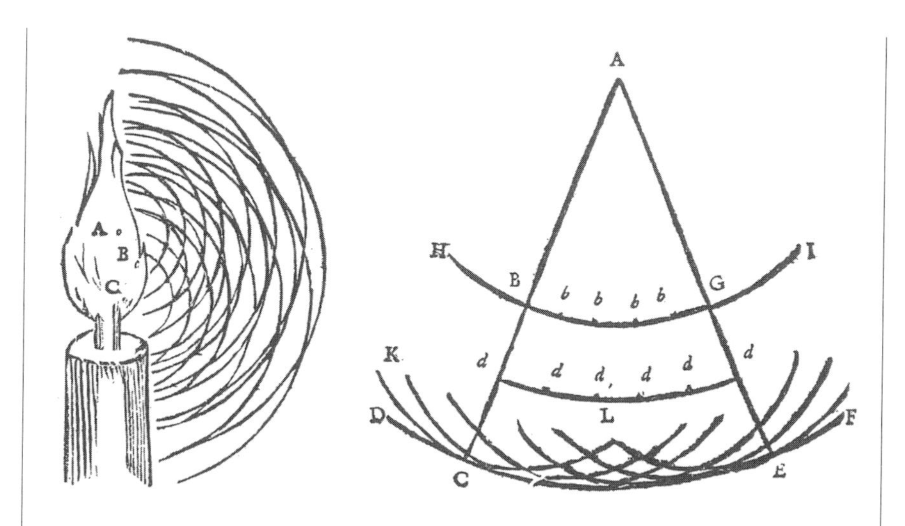

波面がその中心から広がっていく物質のおのおのの粒子は、その運動を発光点から引かれた直線上にある隣接する粒子にだけ伝えるのではなく、必然的に、その粒子に接触しその粒子の運動を妨げるほかの粒子にも与える。したがって、かならず、おのおのの粒子の周囲にその粒子を中心とする波面が形成される。

DCFをその中心の発光点Aから発した波面とすれば、球DCFの内部の粒子、たとえばBは個別波面KCLをつくる。この個別波面は、主要波面が点Aから発して球面DCFに到達するちょうどそのときに、波面DCFと点Cにおいて接することになるだろう。そして、あきらかに、波面KCL上で波面DCFに接する点は、点C、すなわちABを通って引かれた直線上の点以外には存在しない。球DCFの内部のほかの粒子bbやddなども、Bと同様に、それぞれの波面をつくっているだろう。もっとも、これらの波面のひとつひとつは、波面DCFに比べればかぎりなく弱いものでしかありえないが、これらのすべての波面は、中心Aからもっとも遠い部分によって、波面DCFの形成にあずかっているのである。

……ホイヘンス『光についての論考』★50·60 (1690)、第1章

2—水滴に当たった光波の干渉

第2章では、作図や計算で散乱角を算出しました。ようするに、水滴に当たった光の散乱角には極値がありましたから、この極値の角度で散乱光は最大となり、これが虹光線になるというものでした。

ところで、散乱角に極値があるということは、同一の方向に散乱する光線がふたつずつあるということです。言いかえると、その散乱角は入射角が大きくなるにつれて小さくなりますが、ある値を超えると大きくなるのですから、行きと帰りと当然ふたつずつあるということです。この1組の光線だけを図示してみると、そのようすがよくわかります(図3-8)。

このふたつの光線は、それぞれ異なる道筋を通っていながら、きわめて接近しています。そのためこのふたつの光波が重なって干渉を起こすのです。その道のりの差がなければ、光の波の山(谷)の部分と山(谷)の部分が重なって強めあいます。ところが、虹角(にじかく)から逸れて傾くにつれ、言いかえると散乱角が大きくなるにつれ、ふたつの光波が通る道のりに差ができてきます。それにともない、光の波の山(谷)の部分と山(谷)の部分の重なりがずれていき、その差が半波長になった

●図3-8　干渉しあう虹角近傍の1組の光線の道筋

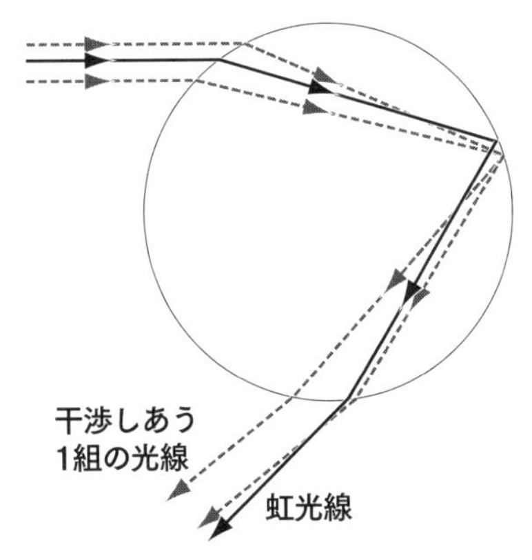

虹光線の近傍の1組の光線は接近した異なる道筋を通り、同一方向に射出する。この1組の光線が干渉して、光の強弱を生じる。

方向では、波の山(谷)の部分と谷(山)の部分が重なって打ち消しあってしまいます。さらに散乱角が大きくなって、その差が1波長分になった方向では、また波の山(谷)の部分と山(谷)の部分が重なって強めあうようになります。このように虹角より散乱角が大きい領域で、干渉によって強めあうところがいくつも現れるのです。

このことを、波面の進行のようすを作図して、考えてみましょう。

まずかんたんな場合の練習として、空気中から水中に光が屈折するさいに、光波の波面がどうなるか、境界が平面の場合と球面の場合について、さきの素元波を書いて作図してみましょう(図3-9)。平面で屈折した場合には、屈折したあとの波面は、間隔はやや短くなるだけで、等間隔の平面で、遠方までそのまま続きます。ところが球面で屈折した場合には、入射した位置によって、屈折の方向が違い、波面も等間隔ではあっても、曲面になります。遠方まで進むと、波面も交差してきます。ちなみに、光が空気中から水中に入射するさいに屈折するのは、光の速さが水中で遅くなるためです。

つぎに、このように屈折して球体としての水滴内に入ったのち射出してくる光の波面の全体的変化を、作図してみました(図3-10)。主虹(しゅにじ)の内側の接近したところに干渉しあって強くなる部分がふたつ現れているのがわかります。光を波動と

●図3-9　平面と球面の境界で屈折する光波の波面

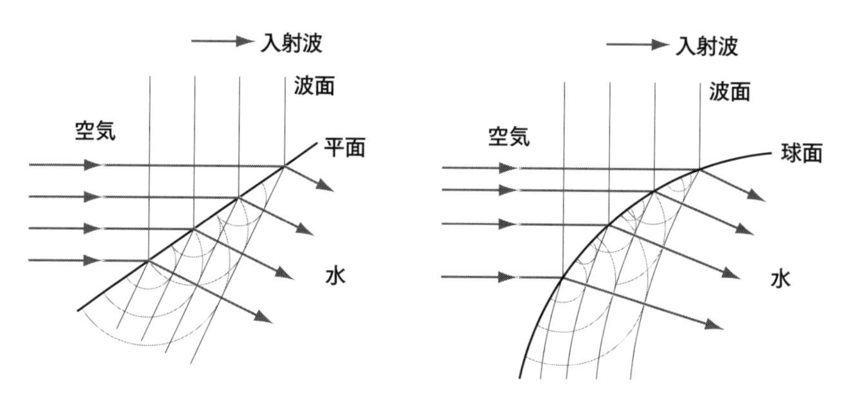

してはじめて現れたもので、色によってわずかに波長が違いますから、干渉しあう角度もわずかに違い、色の強弱も現れてきます。これが過剰虹とよばれている虹です。余り虹、干渉虹ともよばれています。歴史的には、光の干渉実験をおこない、光の波動性を提唱したヤングがはじめて解明しています(→コラム・虹と科学者7)。

この過剰虹は、主虹の内側だけでなく、副虹(ふくにじ)の外側にも、ほとんど接近して幾重にも現れます。ただ、これは理論上いえることで、肉眼でじっさいに見られるかどうかは別問題です。

この過剰虹によって、3重、4重の虹が現れたようにいわれることもあります。しかし、さきに述べた高次の虹による3重の虹とはしくみが違うことはいうまでもありません。

●図3-10　水滴で散乱した光の波面の変化(R.L.Lee and A.B.Fraser★3、p.253)

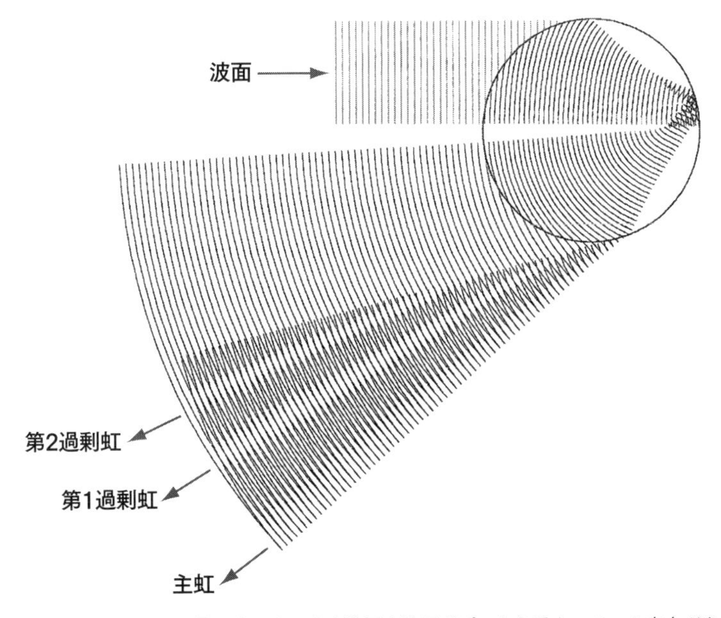

ふたつの波面の重なりぐあいを見ると、ちょうど波面と波面がぴったり重なっている方向がある。この方向では干渉の結果、ふたつの光は強くなって虹が現れる。一方、そのあいだの方向(図の黒い部分)では、波面どうしがぴったり重ならないので、ふたつの光は打ち消しあってしまう。

3—水滴に当たった光波の散乱と強さ

定性的理解

つぎに虹の色あいの課題に移っていきましょう。光の波動性に注意しただけでも、虹の色についての理解が深まります。虹は5色とか7色とか単純には言えないことが理解できます。

さきの水滴に当たった太陽光が射出してくるまでの波面の変化をもう一度見ると(図3-10)、干渉の効果は、過剰虹だけでなく、光線がもっとも強く現れる主虹の部分にも現れています。注意すべきは、干渉の結果、虹角よりもほんのわずかに内側でもっとも強く射出していることです。その外側にもわずかに光は届いていることがわかります。幾何光学のように光を一本の道筋だけで表すときと違って、波動として考えると、波としてのぼやけの効果が現れてくるのです。そして、こちらのほうが光の実際をより緻密に表しているのです。

しかし水滴の大きさは影響を与えないようにもみえますが、そうではありません。さきに光の散乱のところで、水滴の大きさによって光の散乱の仕方は大きく変わると学んだことを思い出してください(pp.85-87)。

水滴の大きさの影響をきちんと理解するためには、散乱光の強さを計算で求めるほかありません。しかも、太陽光は各色の成分をもっていますから、各波長ごとに散乱光の強さを算出して、その結果を重ねあわせることが必要です。そうすることによって、水滴の大きさごとにどの色の成分が強いとか弱いとかがわかり、虹の色あいがあきらかにできるのです。

水滴に当たった散乱光の強さ

その計算の仕方は、こんなふうになります。水滴の半径を a とします。ここに、ある波長 λ（ラムダ）の光の波が当たったときに、光はいろいろな方向に散乱しますが、ある方向 θ に散乱した光の強さ $I(\theta)$ を算出することになります。それには最初の基準となる波面を定め、重ねあわせの原理にしたがう計算をします。

水滴に当たるまでの波面はかんたんです。波面は進行方向に垂直で、1波長ごとに波面が現れます。しかしその後、球形の水滴内に屈折し、さらに内部反射をして、屈折して射出してくる散乱光は、いろいろな向きに散乱していますから、その基準となる波面を見つけることもむずかしいのです。この問題を解き明かしたのはエアリーで、波面は、水滴中で1個の変曲点をもち、この変曲点でデカルト・ニュートンの虹光線と交わる曲面でした(図3-11)。すべての射出光線に垂直に交わる曲面として、「〜」型に描かれているのがこの曲面です。

この曲面の方程式は、図3-11の下図の座標軸で、3次曲線

$$y=\frac{h}{3a^2}x^3 \tag{3-1}$$

$$\text{ただし、}h=\frac{(p^2-1)^2}{p^2(n^2-1)}\sqrt{\frac{p^2-n^2}{n^2-1}} \tag{3-2}$$

で表せることをエアリーはあきらかにしました*。ここで、pは水滴内での反射回数kに1を加えた数、$p=k+1$、nは水の屈折率を表しています。

あとは、曲面上の各点から出る無数の素元波の変位をすべて重ねあわせるという計算をすればよいのです。光の強さは振幅の2乗に比例することを考慮に入れて、光の強さ$I(\theta)$を与える式が得られました。散乱角θは、デカルト・ニュートンの虹光線の方向を基準にとられています。

$$I(\theta)=I_0\left(\frac{6a^2\lambda}{h\cos\theta}\right)^{\frac{2}{3}}f^2(z) \tag{3-3}$$

ここで、I_0はある定数で、

$$z=4\frac{\sin\theta}{\lambda}\left(\frac{3a^2\lambda}{4h\cos\theta}\right)^{\frac{1}{3}} \tag{3-4}$$

$$f(z)=\int_0^{\infty}\cos\frac{\pi}{2}(u^3-zu)\mathrm{d}u \tag{3-5}$$

*—この計算とつぎの光の強さを求める計算は相当に煩雑である。現代ふうに整理した解説も参照するとよい(巻末文献案内、エアリーの虹の理論)。

●図3-11　水滴による散乱光と波面

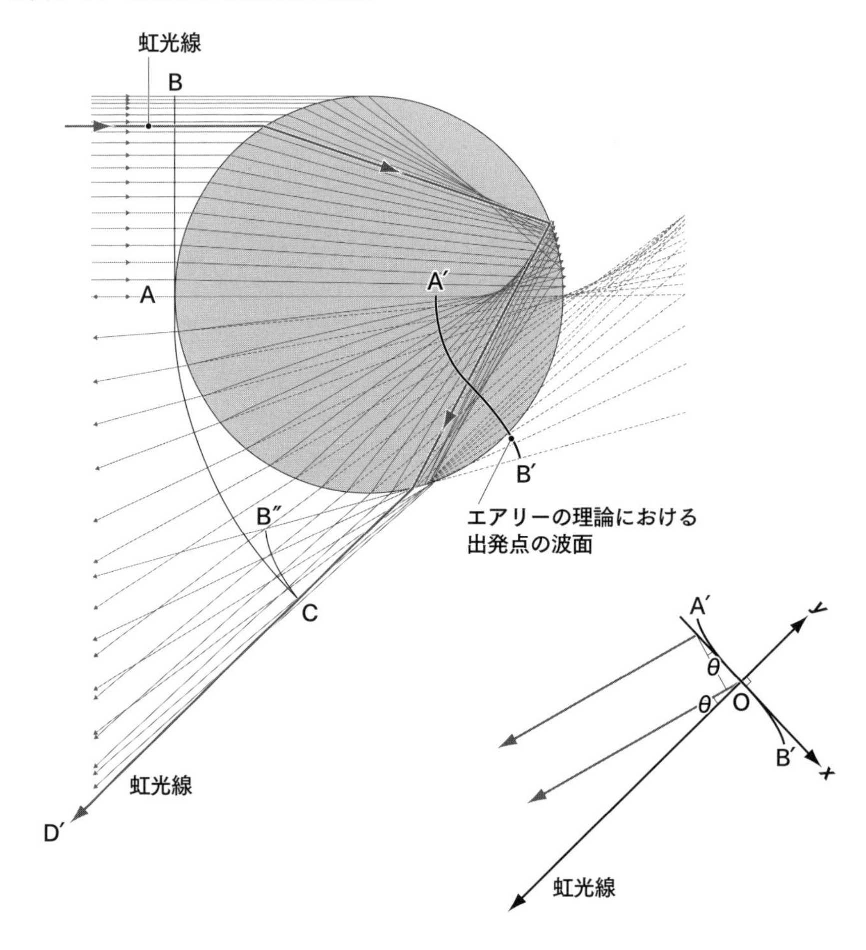

散乱光として射出していくすべての光線に対して、直角に交わる波面は「〜」型となっている。この波面は3次曲線の式で表される。この波面から出る無数の素元波の変位をすべて重ねあわせ、特定の方向の散乱光の強さが計算できる。

です。$f(z)$が虹積分、あるいはエアリー関数とよばれる関数です(図3-12)。この関数は虹の光の強さを表すのに欠かせない積分関数として出てきたので、「虹積分」といわれたのです。極大、極小をもって変化する周期関数です。

エアリーの論文では、散乱光の強さ$I(\theta)$の分布がひとつ載せられています(図

3-13)。比較のために、デカルト・ニュートンの幾何光学的理論とヤングの過剰虹の場合もあわせてひとつの図に載せています。

この図は小さな障害物に現れる回折縞とよく似ています。幾何光学的考察では、散乱角がある角度、赤では138度(虹角42度)のときに強度は無限大であり、その角より小さければ0でしたが、回折理論によると、その角よりわずかに大きいところでピークが現れ、暗帯側へとなめらかに減少しています。強さが無限大の点はどこもなく、デカルト・ニュートンの虹光線の角度では最大値の半分以下になっています。

過剰虹もひとつ描かれていますが、ヤングの位置より少し内側に現れています。

●図3-12　虹積分 $f(z)=\int_0^\infty \cos\frac{\pi}{2}(u^3-zu)du$ の2乗のふるまい

(愛知敬一・田中館寅士郎★55)

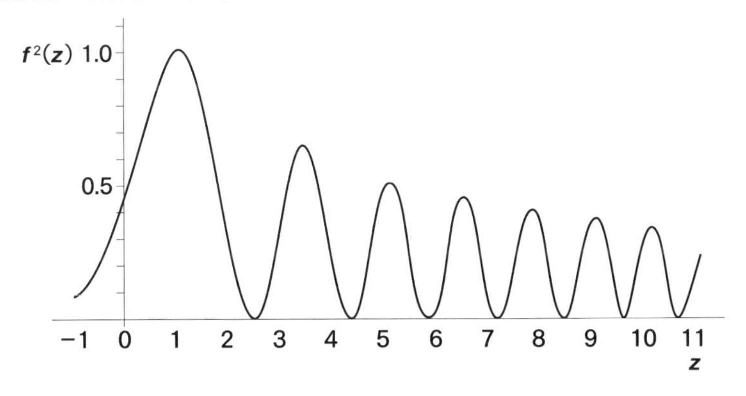

上図で極大・極小になる z と $f^2(z)$ の値

極大	z	$f^2(z)$	極小	z	$f^2(z)$
	(0	0.443)			
1	1.084	1.008	1	2.495	0
2	3.467	0.617	2	4.363	0
3	5.145	0.510	3	5.892	0
4	6.578	0.450	4	7.244	0
5	7.868	0.404	5	8.479	0
6	9.060	0.384	6	9.630	0
7	10.177	0.362	7	10.716	0

●図3-13　散乱光の強さの分布(エアリー★54)

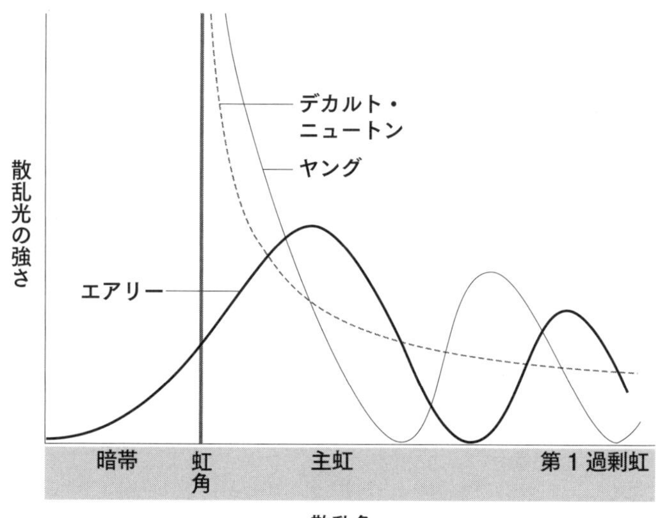

デカルト・ニュートンの古典論では、散乱角が虹角のとき強さは無限大で、それより大きな右側ではしだいに減少するが、エアリーの理論では、ピークが虹角よりやや右に移り、左側でもしだいに小さくなる。過剰虹となるピークも現れている。

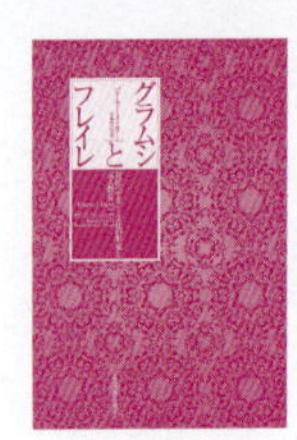

グラムシとフレイレ
対抗ヘゲモニー文化の形成と成人教育

ピーター・メイヨー著
里見実訳

世界各地の社会運動のなかで、もっとも熱く語り交わされている二人の思想家の行為と言説を横断的に分析し、かつ批判的に相対化しつつ、グローバル資本主義の下で社会の変革を追求する成人教育の今日的な課題と可能性に光をあてる。

四六判・本体4500円＋税

「ゆとり」批判はどうつくられたのか
世代論を解きほぐす

佐藤博志・岡本智周著

学力低下論に端を発する「ゆとり世代」批判は、根拠ある正しい認識なのか。社会学と教育学の観点から「ゆとり」言説と教育施策のコンセプトを読み解き、多くの誤謬を明らかにする。若者たちによる座談、著者による対談も収録。

四六判・本体1700円＋税

「ひと」BOOKS

子どもが解決! クラスのもめごと

平墳雅弘著

隣の子に無視される、あの子がずっと学校に来ていない、先生が怖い、授業がつまらない……。同級生の悩みに、中学生たちが奮闘！ 問題の発見から、調査、話し合いの開催、解決策の実現まで、問題解決のすべてに子どもが参加する仕組みを提案。

A5判・本体1800円＋税

2015年
2月刊

「ひと」BOOKS

西條敏美著

授業 虹の科学 光の原理から人工虹のつくり方まで

なぜ弓型なのか、いつ・どこに見えるのか、その下をくぐれるか、本当に7色なのかなど、虹についてのさまざまな疑問を解き明かす。作図や実験をとおして、光の性質が眼で理解できる。自然虹の観察方法や人工虹のつくり方、授業づくりの例も紹介。

A5判・本体1800円＋税

2015年
2月刊

セクシー&クール（仮題）
10代からの男の磨き方

ジェームズ・ドーソン著
藤堂嘉章訳

身だしなみ、下半身の悩み、彼氏になるということ、セックスの基礎基本……。性教育と呼ぶには面白すぎるUK発・男子のための必携書。笑いあり、涙あり、体液ありでイラスト満載。

四六判・予価1300円＋税

PTAを(けっこう)ラクにたのしくする本　大塚玲子著

PTA活動はもっとラクにできるはず！ 役員ぎめがスムーズに行く方法、イマドキの情報共有・連絡テクニック、任意加入へのスイッチ……個々の活動を支える小さなくふうから、しくみをばっさり変える大改革までを網羅。数々の実例で実現のコツがわかります。 四六判・本体1600円＋税

ひとり親家庭サポートブック　新川てるえ＋山津京子著

シングルマザー生活便利帳［四訂版］

仕事と家計、住まいの選択、仕事と育児の両立。豊富なケーススタディをもとに、ひとり親家庭に役立つ情報を掲載したガイドブック。当事者の悩みから、使える制度・施設・法律まで、Q&Aやチャート式でわかりやすく解説。

A5判・本体1500円＋税

これでわかったビットコイン　斉藤賢爾著

生きのこる通貨の条件

欠陥通貨？ それともイノベーション？ 大手取引所の破綻後も世界で使われ続け、多くの亜種も登場しているビットコイン。その将来はどこに向かうのか。国の管理を超える大きな可能性から、その広がりが招く意外な陥穽まで、デジタル通貨の専門家が答える。 A5判・本体1000円＋税

うさぎのヤスヒコ、憲法と出会う　西原博史著　山中正大絵

サル山共和国が守るみんなの権利

「なるほどパワー」の法律講座●困ったことが起きたとき、人と意見がぶつかったとき、なるほどパワーが役に立つ。「思想・良心の自由と信教の自由」「表現の自由」「教育を受ける権利」を中心に、日常の出来事と憲法をしっかりつなぎます。物語で憲法と出会う！ A5判・本体2000円＋税

おさるのトーマス、刑法を知る　仲道祐樹著　山中正大絵

サル山共和国の事件簿

「なるほどパワー」の法律講座●なるほどパワーで罪と罰を考える。「刑罰の決め方」「共同正犯」「罪刑法定主義」「正当防衛」…。サル山共和国で起きる数々の事件をとおして、刑罰の決め方・考え方がわかります。ニュースが違った角度から見えてくる！ A5判・本体2000円＋税

第4章 虹はほんとうに7色か？

第3章で得られた結論をもとに、残された不思議Q7「虹は7色か？」をくわしく解き明かします。
虹の色あいの問題は、物理的には、波としての光の波長と水滴の大きさとの関係に依存していることにたどりつきます。
さらに虹の研究の手法は、原子に現れる虹（原子虹）や原子核に現れる虹（核虹）にまで及んでいることを学びます。光と水滴の相互作用として現れる虹はけっして特別なものではなく、広く、原子や原子核もふくめた散乱問題のひとつにすぎないのです。

ジョン・エヴァレット・ミレー
「盲目の少女」 1856
バーミンガム美術館

1—ふたたび、虹は7色か？

波長と水滴の相互作用から考える

エアリーの計算は、あるひとつの波長をもつ単色光でおこなったものです。太陽の光には、いろいろな波長の光が無数にふくまれています。じっさいの虹の色を考える場合には、いろいろな波長ごとに散乱光の強さの分布を求め、それらを重ねあわせて全体としての効果を考えなければなりません。

ここでは考え方を理解するために、エアリーの式をもう少し、整理してみます。散乱光の強さは虹光線の付近で見ればよいので、角度θは小さいと考えてさしつかえありません。そのとき、$\sin\theta \fallingdotseq \theta$、$\cos\theta \fallingdotseq 1$とおけますので*、式(3-4)は、

$$\theta = \frac{1}{2}\left(\frac{h}{6}\right)^{\frac{1}{3}}\left(\frac{\lambda}{a}\right)^{\frac{2}{3}} z \qquad (4\text{-}1)$$

と書けます。光の強さが最大になるのは、虹積分が極値をもつときです。たとえば、第1の極大となるzは、$z = 1.084$ですから(図3-12)、この値を上式に代入すれば、ある波長λ(ラムダ)、水滴の半径aでの、第1極大の角度θを算出することができます**。また対応する光の強さは式(3-3)から計算できます。

全体的な傾向も、この式(4-1)からわかります。θは$\frac{\lambda}{a}$の$\frac{2}{3}$乗に比例しています。$\frac{\lambda}{a}$が2倍、3倍、4倍、……と変化すれば、θは1.6倍、2.1倍、2.5倍、

---

*——この関係は、角度を弧度法(ラジアン、記号rad)で表したときに成り立つ。円弧の長さが円の半径と同じ長さになる扇型の中心角が1ラジアンである。通常の度数法(度・分・秒、記号°'")は、直角の90分の1が1度で、1度＝60分、1分＝60秒の関係がある。両者は、π rad＝180度から、1rad＝57.3度の関係がある。

**—たとえば、赤色、波長$\lambda = 6.302 \times 10^{-4}$mm、屈折率$n = 1.33$で、水滴の半径$a = 0.5$mmの場合、$\frac{\lambda}{a} = 1.26 \times 10^{-3}$（約1000分の1)、式(3-2)より$h = 4.94$となり、$\theta = 5.9 \times 10^{-3}$rad＝0.34度と算出できる。主虹の方向が、幾何光学的計算による虹角の約42度より、0.34度小さくなることを示している。過剰虹が見える方向は、第2以降の極大となるzの値をもちいて、同様につぎつぎと計算できる。

……というように大きくなっていきます。この部分だけをとりだして書くと、

$$\theta \propto \left(\frac{\lambda}{a}\right)^{\frac{2}{3}} \tag{4-2}$$

となります。

光の強さが極大となる角度θ、あるいは極大と極大との幅は、波長λが長いほど(紫色より赤色)、水滴の半径aが小さいほど大きくなるということでもあります。

●図4-1　水滴の大きさによる各色の強さと各色の重なりの違い★21
—水滴半径0.5mm、0.05mmの場合

水滴半径 0.5mm

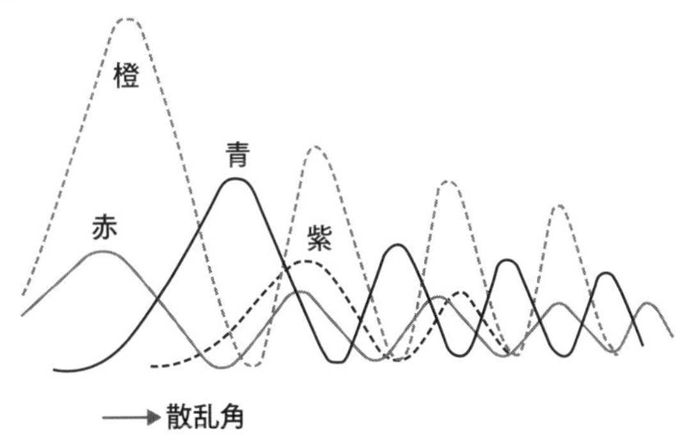

水滴半径 0.05mm

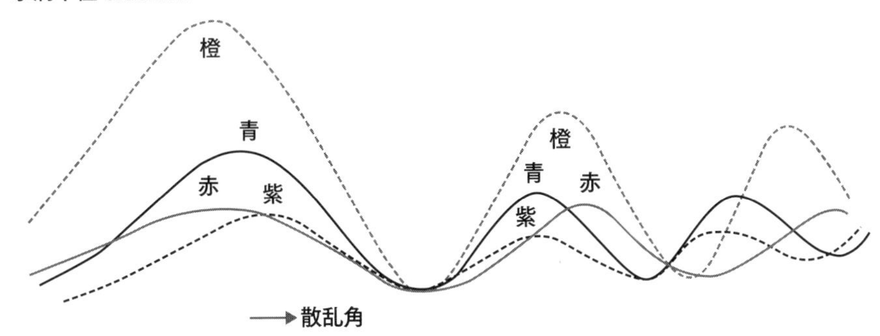

水滴の半径が0.05mmにもなると、どの色も山と山、谷と谷が重なってくるので白色になる。

●図4-2　点光源と円(太陽)光源とを比較した散乱光の強さの分布
(愛知敬一・田中館寅士郎★56)—水滴半径0.50mm、0.25mmの場合

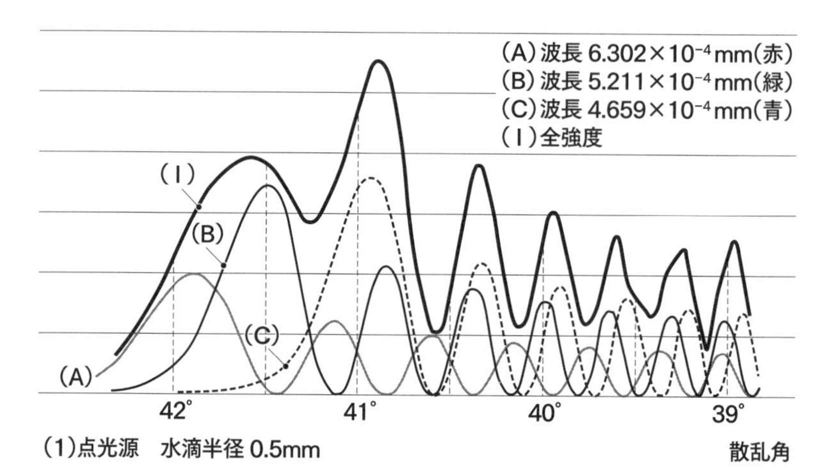

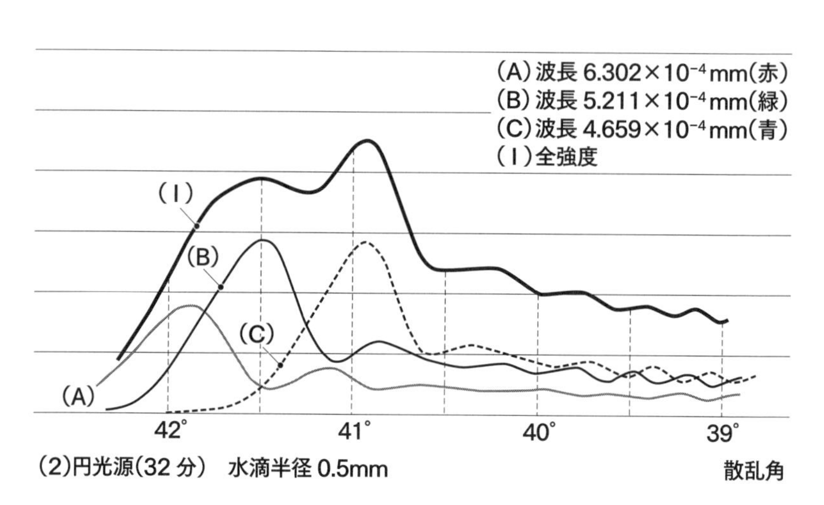

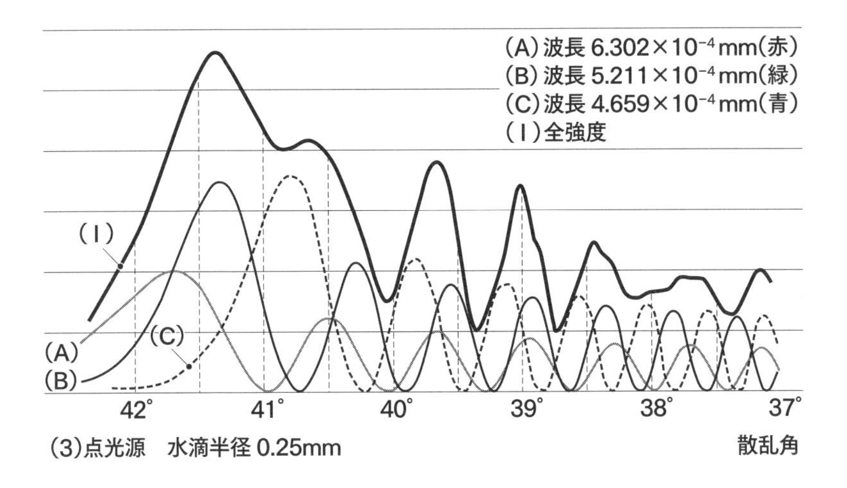

(3)点光源　水滴半径 0.25mm

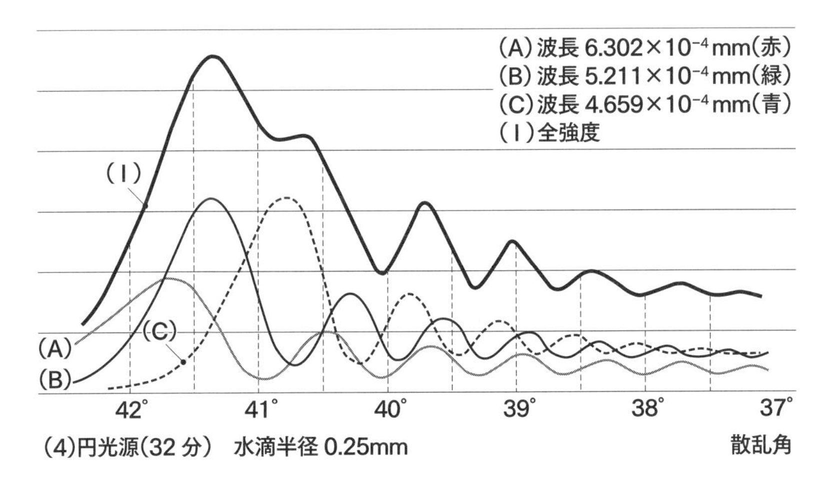

(4)円光源(32 分)　水滴半径 0.25mm

①点光源の場合、強さの極大・極小の配置は水滴の大小によってあまり変わらない。円光源の場合は大きく変化する。上図(1)と(3)、および(2)と(4)。

②点光源の場合に強さが極大であった点が円光源の場合には極小の点となり、反対に、強さが極小であった点が円光源の場合、極大の点となることがある。上図(1)と(2)、および(3)と(4)。

③点光源の場合、極大と極小の差が大きいが、円光源の場合、その差は小さくなり、極大の高さは低く、極小の高さは高くなり、なだらかな変化となる。上図(1)と(2)、および(3)と(4)。

●表4-1　水滴の大きさと虹の色あいの関係

水滴の半径	色あい
0.5〜1mm	紫色が輝き、緑色がはっきりする。赤色が出るが、青色は薄い。過剰虹がいくつも見える（たとえば5つ）
0.25mm	赤色はかなり弱く、過剰虹が少なくなる
0.10〜0.15mm	赤色が見えず、虹の幅が広くなる。過剰虹は黄色に近づく
0.04〜0.05mm	虹は幅広く、青みを帯び、紫色だけがはっきりする。過剰虹は白っぽい
0.03mm	主虹が白色を帯びる
0.025mm以下	白虹になる

（M. Minnaert★5、pp.178-179、根本順吉★40、p.33などによる）

また、波長は紫色でも赤色でも2倍程度しか違わないのに、水滴の半径は大きい粒と小さい粒では数十倍も違っています。そのため、大きな水滴(たとえば半径0.5mm)では、比較的波長の影響が大きくて、それぞれの波長(色)の極大間の幅がせまく、極大となる位置が離れています(図4-1)。ところがその10分の1の小さな水滴(0.05mm)では、波長の影響が小さくなって、それぞれの色の極大間の幅が広く、極大となる位置が重なってきます。言いかえると、大きな水滴では色が分かれて、せまい帯状に見えるのに対して、小さな水滴では色の分離が十分でないために、白く見えるのです。極値となる位置に多くの色が重なっているということは、色が混ざっているということですから、白く見えるのです。

エアリーは光源としての太陽はずっと遠方にあるので、点光源として扱いましたが、じっさいの太陽は、32分*の大きさをもつので、その大きさも考慮しなければなりません。これはニュートンも指摘していました。このことについては、日本の愛知敬一と田中館寅士郎が貢献しています(→コラム・虹と科学者9)。ふたりの論文の末尾には、点光源と円光源の場合の強度分布図がそれぞれあわせて載せられているので、比較するのに便利です(図4-2)。

愛知と田中館の研究で、虹の理論はいっそう緻密になったといえます。極大・極小となる変動の位置がわずかにずれるために、点光源で極大のところが円光源で極小となったり、その逆になるところが出ています。点光源では、著しい数の

＊—32分＝$\frac{32}{60}$度＝0.53度。

極大・極小を生じ、このため多くの過剰虹を生じることになりますが、円光源では、極大・極小はあまり差を生じず、わずかの過剰虹を生じるにとどまります。

なお、人の眼が何色として感じとるかということは、たんに光学の問題だけでなく、色覚の理論の援用も必要になってきます。

総じて、虹の色あいについて水滴の大きさが深くかかわっていることがわかりましたが、つぎのようにいわれています(表4-1)。水滴が大きくて半径0.5～1mm程度のときには、紫色や緑色がはっきり現れ、赤色も見えますが、青色は薄くなります。水滴が小さくなるにつれて、赤色は薄くなり、0.10～0.15mm程度の大きさになると、赤色は見えなくなってしまいます。さらに水滴が小さくなると、虹は青みを帯びるようになり、0.03mm程度になると白みを帯び、0.025mmでは白虹になってしまうのです。このように見てくると、虹は5色だとか7色だとか、一概に言えないことがよくわかります。

赤虹について

夕陽が沈む頃、全体が赤っぽい虹が現れる原因は、また別のところにあります。光の散乱の性質のところで学んだように、朝日や夕陽は、太陽光が長い大気層を通過してくるあいだに青色を散乱させ、残りの赤色が多く届くために赤っぽくなっているのです(図4-3)。ということは、水滴に当たる光もその赤っぽい色の光ですから、それが散乱して虹をつくったときにも、赤い虹になるということです。

●図4-3　赤い虹が見える原理

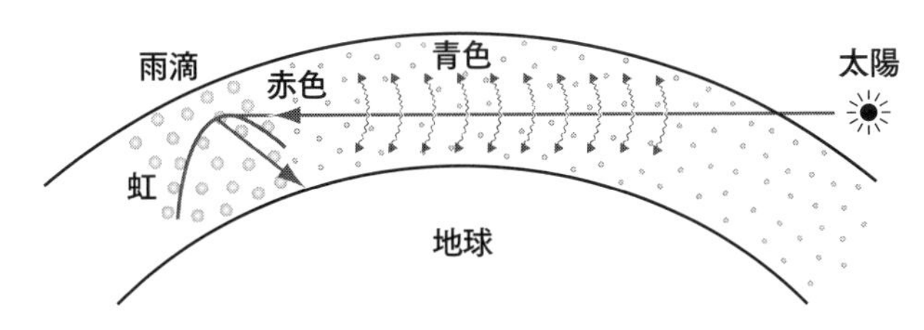

太陽が地平線近くにあると、大気に入った太陽の光は厚い大気層を通過して地表に届く。そのあいだに青色の光は大部分大気中に散乱しているので、赤色となっている。この赤色の光が水滴に当たってつくる虹は赤っぽくなる。

月虹(ムーンボウ)について

太陽の光のかわりに、月の光が水滴に当たって虹がかかることがあります。その光は強くなければならないので、満月の前後でなければならないとされています。そのときににわか雨が降らなければならず、見るチャンスはきわめて少なく、古代ギリシャのアリストテレスは、「月による虹を50年間に2度見た」と書いています(p.31)。雨の多いハワイでは、見るチャンスはまだ多いようです。

月による虹は、白っぽく見えます。しかし、これは光が弱いための視覚効果によるもので、じっさいに高感度カメラで写真に撮れば、ふつうに色が現れます。月の光は太陽の光が月の表面で反射した光によるものですから、太陽の光の色の各成分をもっていることの現れです。

これで、残されていた虹の色あいの問題も解決されて、虹の7つの不思議はすべて解決できたといってよいでしょう。

虹と科学者9　愛知敬一と田中館寅士郎による虹の説明

愛知敬一〈1880-1923〉

物理学者。東京府に生まれる。東京帝国大学卒業、同大学講師、京都帝国大学助教授。東北帝国大学理科大学教授。1922年アインシュタイン来日時には、神戸港に出迎え、仙台市公会堂での講演会で通訳を務めた。『理論物理学』(1924)、『放射能概論』(1920)などのほか『自然の美と恵——科学叢話』(1917)『電気学の泰斗ファラデーの伝』(1922)などの普及書もある。

写真提供:東北大学史料館

田中館寅士郎〈1878-1928〉

物理学者。岩手県に生まれる。東京帝国大学卒業、秋田県鉱山専門学校教授、慶応義塾大学予科教授。日本物理学の大御所、田中館愛橘(1856-1952)は22歳離れた兄(異母の子)にあたる。

写真提供:岩手県二戸市立二戸歴史民俗資料館

ふたりは、長岡半太郎の指導のもと、太陽の大きさを考慮に入れて、エアリーの波動光学的虹の理論を修正した論文★55を発表した(1904)。ときに愛知は24歳、田中館は26歳。

[原典抄録]

虹は人目につきやすき自然の現象なれば、むかしよりこれが説明を試みたる人多し。しかし、幾分か完全に近き説明を与えたるはデカルトをはじめてとす。ちょうど氏の時代に(あるいは氏自身ともいう)光の屈折の法則発見されたるのにて、これら幾何光学の原則を応用して、氏は虹の説明をなしたり(1637年)。……

今日の光学は、光の波動説をとる。なお進みてこの波動の原因につきては、あるいは弾性体の変位となし、あるいは電磁力となし一定せずといえども、いずれも光が波動なりということにつきては、異なるところなし。……

虹を光の波動説より説明したる人はエアリーなり(1838年)。この計算はかなり面倒なるが、氏がこの計算ののち、得たる結果はつぎのごとし。光のもっとも強き方向は、幾何光学にていうところの光線のくる方向と同じならず。幾何光学にていえば、光線の来る方向のみ明るき理由なるも、なおほかの方向にも光きたり、多くの山と谷とを形づくる。この有様はちょうど回折のときと類せり。

このエアリーの研究ののち、虹の説はあまり進歩せず。しかし、エアリーの説はいまだ尽くさざるところあり。氏は光源をひとつの点と見なして計算せるも、実際の光源は太陽にして、これは32分の直径を有す。したがいて実際の虹の場合にはエアリーの説は幾分かの改正を要すべきは言を待たず。エアリーのごとく光源を一点と見なすも、計算は面倒なれば、いま光源を太陽と見なすときはその計算はいっそう面倒なるべきは当然のことなり。……

これより前に一言すべきことあり。数年前ヴィーンの気象台長ペルンテル氏は太陽より生じる虹を考えんとし、太陽のかわりに太陽の直径上に六つの光点をとり、この六つの光点より起こるべき光の強さを算術的に加えたり。かつ氏はわずかの場合に数の計算をなしたるのみにして太陽より起こる虹の全体の性質を少しも論ぜず。

まずエアリーのごとく、光源を1点と見なせば、光の強弱の配置は雨滴の大小によりてだいたいにおいて、変ぜず、しかれども光源を太陽と見なせば非常なる変化が生じる。つぎに、光源を1点と見なしたるとき光の強かりしところが、光源を太陽と見なせば光の弱きところとなり、光の弱かりしところがいまは光の強きところとなることあり。つぎに光源を太陽と見なせば、一般に光の強弱の差少なくなり、山は低く谷は高くなる。

以上の3点より、つぎのごとき結果を生ず。エアリーのごとく光源を1点と見なせば光の強弱につきて著しき山と谷を生じ、これがために多くの副虹（ふくにじ）を生ずべき理なれど、実際の虹にては光源が太陽なれば光の強弱は著しき差を生ぜず、わずかの副虹を生じるにとどまる。このほか、光源が太陽にして雨滴が大なれば光の強弱の差ほとんどなく、色を顕はさざるべく、また雨滴の大きさが適当なるときは、かの白虹のごときも見うべきこととなる。上の結論は自然の虹の現象によく合う。

……愛知敬一・田中館寅士郎「虹の説」★[57]、『東洋学芸雑誌』第23巻、第299号、331-335（1906）

2—さらなる虹の理解のために

「はじめに」のところでとりあげた虹の不思議が解決できたからといって、これで虹の研究が終わったわけではありません。虹のより厳密な理解をめざして、研究者は虹の研究に取り組んでいきました。

ここまで扱ってきたことは、じっさいに計算をするならけっこうむずかしいことであっても、考え方は、十分に古くさいといえます。愛知敬一と田中館寅士郎の研究は1904年に発表されていますが、そのもとになったエアリーの研究は1838年に発表されていることからもわかります。光を波動と考えて、水滴の散乱光の強さを厳密に計算していることは、たんに光の反射・屈折で道筋を考える幾何光学に比べると画期的ですが、それまでです。

少し考えるだけでも、波動光学的虹の理論では、原子レベルでの話が入っていないことに気がつくことでしょう。虹は光と水滴との相互作用の結果として現れたものですから、このふたつをそれぞれ考えなおすことが必要です。

水滴に光が当たったときに、水分子の中の電子にどのような変化が起こるのか、その結果として、水滴からどのように光が散乱していくかということは、問題外にしているのです。そもそもエアリーの時代にはまだ電子も発見されていませんでした。電子が発見されたのは19世紀の末のことです。またこの少しまえに電磁気学はできあがっていましたから、電磁気学の問題として、マクスウェルの電磁場の方程式にもとづいて、さきにあげたミー散乱問題を解くということがじっさいの課題になります。この考えのさいには、光は電磁波と考えています。電子が揺さぶられて振動して、ここから光の波が発生するという考え方です。

この計算を当時じっさいにおこなうのは、じつに困難でした。その解は、水滴の大きさと光の波長で決まるパラメーターをもつ部分波からなる無限級数になってしまうのです。その部分波は霧やもやで約100、大きな水滴では数千の数にもなるのです。これをすべて足しあわせるのはやっかいでしたが、1919年、ワトソンによって何千にもおよぶ部分波を収束の速い表現に変換する方法が見つけられました。この方法を虹に適用したのが、1937年のファン・デル・ポールら、そして1969年のナッセンツバイクでした。これを虹の複素角運動理論といいます。

こうして、時代とともに虹の詳細がより厳密に解き明かされていきましたが、日常、観察して感じる虹の不思議の段階から見ると、虹の強さや色あいにわずかのゆらぎが見られる程度です。主虹の赤色は42度であった虹角も、その値が根本から変わるわけではありません。

こうしたじっさいの空にかかる虹、いわゆる気象虹の理論的研究とともに、虹の研究は原子や原子核に生じる虹の研究へも踏みこまれていきました(→コラム・虹

●図4-4　原子虹(原子の虹)が生じる原理

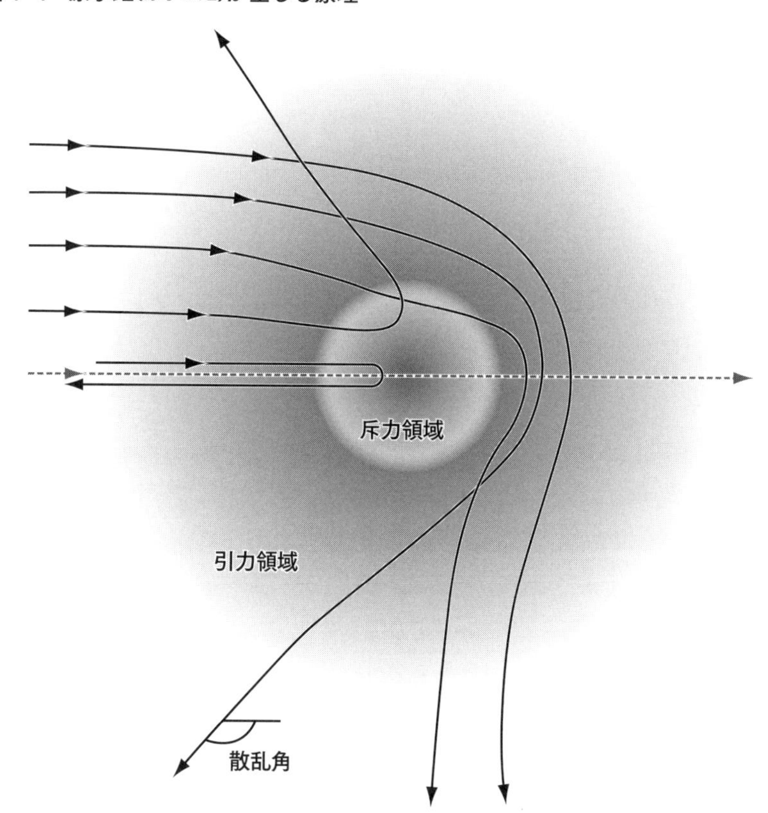

ある原子に別の原子が近づきすぎると、原子間の力は引力から斥力に変わる。このため、ある方向に散乱する原子の数が多くなり、強さがもっとも強くなる。散乱角に極値が生じる。これは水滴による光の散乱によく似ている。ただ、この原子間の力はなめらかに変化するので、原子が通る道筋は曲線となる。

と科学者10)。

気象虹は、光と水滴との相互作用で生じる現象ですが、原子虹(原子の虹)は原子と原子の相互作用で生じる現象と考えるとよいのです(図4-4)。この虹は1964年、フンドハウゼンとパウリにより、水銀原子によってナトリウム原子を散乱させる実験から、はじめて発見されました(図4-5)。

いま、ナトリウム原子が気体となって多数存在するところに、水銀原子が飛びこんできて、1個のナトリウム原子と衝突することを考えてみます。水銀原子がナトリウム原子の中心から離れたところに飛びこんでくれば、水銀原子は引力を受けて、なめらかに進行方向が変えられ、ある散乱角で通り過ぎます。水銀原子がナトリウム原子の中心に近づくにつれて、引力は強くなり、より大きく方向が変えられていきますが、ある位置を超えて中心近くに近づくと、力は斥力に変わ

●図4-5　フンドハウゼンとパウリが見つけた原子虹(1964)

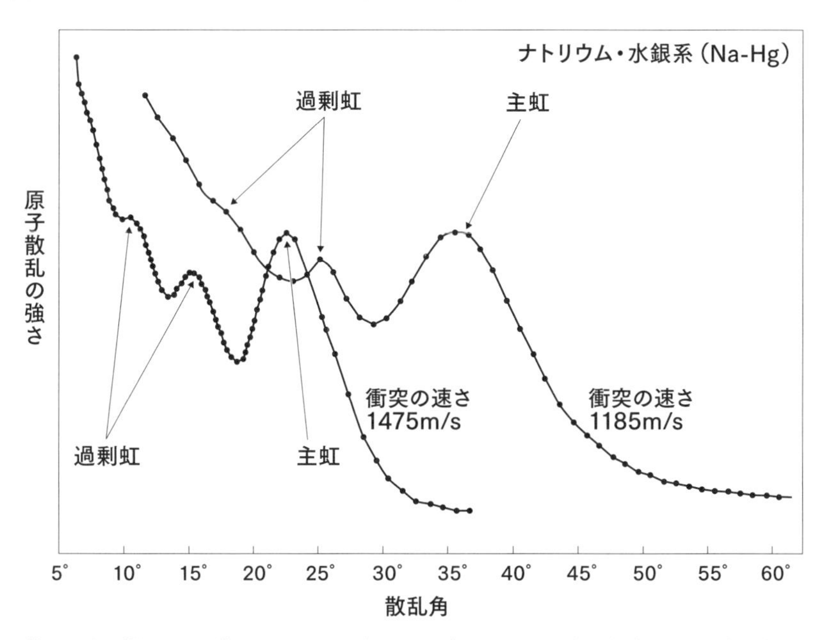

原子散乱の強さ(散乱原子数)のピークは、主虹、およびふたつの過剰虹に対応する。衝突の速さが大きい場合、散乱角が小さいほうに移動している。光散乱の図3-13、図4-2と比較されたし。E. Hundhausen and H. Pauly:*Zeits. für Physik*, **187**（4）, 305-337（1964）.

り、進行方向が逆向きに逸れるようになるのです。いわゆる散乱角に極値が存在するのです。このことは、このような原子散乱が連続して起こるときに、この散乱角方向に散乱される原子の数が多いということを示しています。これは気象虹での散乱にあまりによく似ていて、原子虹とよばれています。

もっとミクロな世界である原子核の世界でも、核虹(原子核の虹)が存在することが、1974年、ゴールドベルクらによって発見されています。これも原子核に、高エネルギーのアルファ粒子などを衝突させると、原子核内に入りこんだアルファ粒子が特定の方向により多く散乱し、散乱角に極値が存在するのです。

虹というのは、その不思議を解き明かすために研究がなされたというにとどまらず、たとえば、デカルトは虹の研究をとおして、彼の方法や幾何学の正しさを確かめる手段としたのと同じように、各時代の先端科学を実証する手段のひとつとして虹が選ばれたのです。原子虹や核虹になると、その相互作用の強さや分布を知るだけでなく、原子や原子核の構造をあきらかにする手段にもなっているのです。

虹の複素角運動量理論、原子虹や核虹という虹の現代理論となると、本書のレベルをはるかに超えていますので、関心があればみなさん自身で挑戦してみてください。

虹と科学者10 大久保茂男と原子核の虹の研究

大久保茂男〈1946-〉

理論物理学者。高知県に生まれる。高知で育ち、京都大学理学部物理学科卒業。理学博士(京都大学)。湯川秀樹、小林稔両教授の教えを受ける。高知県立大学(旧・高知女子大学)教授。オックスフォード大学ほかの客員研究員。定年後、大阪大学核物理研究センター研究員。原子核理論、とくに原子核のクラスター構造、原子核の虹散乱、原子核の虹、虹理論などを研究。2014年原子核に副虹が存在することを実証した★58。

写真提供:本人

[原典抄録]

原子核における虹とは、天上から核構造を理解しようとする方法論である。気象虹(ニュートン虹)の高さや色あいは、屈折をひき起こす液滴の大きさと屈折率により変化する。一様な屈折率の物体からの散乱であるミー散乱方程式を解くことにより、虹現象は理解できる。種々の屈折率の物質について、ミー散乱を解くと、屈折率がひじょうに大きいダイヤモンドでは主虹は出現しない。土星の衛星であるタイタンでは液体メタンの雨が降っているが、主虹と副虹が逆転し、アレキサンダーの暗帯も消え、2個の虹はつながって見え、吸収のため赤みのない虹となる(地球上以外でのはじめての虹として観測が期待される)。

原子核は屈折率が連続的に変化し、ダイヤモンドに匹敵するほど大きくもなるねばねばした量子物質である。原子核の虹は内部反射が起こらないため、屈折のみで起こる「ニュートンのゼロ次虹」である。筆者は核力による「ゼロ次の虹」であることを強調して、ニュートン虹と区別するため、「湯川虹」とよぶのがよいのではと考えている。いずれも媒質と入射粒子とのあいだに働く相互作用により、その現象が生じることには変わりない。

原子核の虹散乱の場合は、入射粒子が原子核の内部まで入りこむので、核間相互作用を知ることができる。

ニュートン虹では見られない虹の概念を低いエネルギー領域まで拡張でき、クラスター構造論として展開できるところが、原子核の虹の研究のおもしろいところでもある。

……大久保茂男「原子核の虹散乱と核構造」★26、『素粒子論研究』第119巻、第4B号、E106-E115（2012）

ニュートンがその存在に固執した、一度も内部反射をともなわないで屈折のみで起こる虹は、マクロの世界でなく、またニュートン力学ではなく、量子論の支配するミクロの世界で実現されている。湯川核力で強く結合している原子核は入ってきた粒子を曲げる力、つまり屈折率がひじょうに強い液滴である。しかも、水などマクロの世界と異なり、表面が明確でなくぼやけていて、反射は起こりにくい、屈折率が表面から中心部へと連続的に変化する量子液体である。高速で入射したアルファ粒子は原子核のなかで屈折をくりかえしながら、虹角で量子的な虹、核虹（湯川虹）を示す。入射粒子があまり高速でないときは、虹の前駆現象であるプレ虹が現れる。明確な過剰虹も見られる。もちろん色はなく、ただ1個の虹が現れる。

かくして神様はミクロの世界に虹を1個残された。1度も内部反射をしない虹の存在を信じたニュートンは正しかった。ニュートンはひょっとしたら量子論と原子核という量子的液体の存在を直感していたのだろうか。

虹を深く理解することは、創造主の意志の理解に近づくことであり、古典力学、電磁気学、量子論、原子核、物理学、地球科学、数学……などへの格好の入門の道であるように思われる。初学者から専門家までかかわり楽しむことができよう。

……大久保茂男「虹、核虹＝湯川虹からまなぶ理論物理学」★27、『素粒子論研究』第117巻、第4号、119-121（2009）

虹を探して2　虹の滝

雄滝(上)と雌滝(下)。所在地:香川県木田郡三木町小蓑
撮影:著者

四国の香川県、徳島県との県境の塩江峠近くに、虹の滝という讃岐百景のひとつがある。国道193号線から山道に分けいった山間の小蓑(こみの)川にあって、ふたつの滝に雄滝と雌滝という粋な名称がつけられている。案内板によると、上側にある雄滝は高さ11m、幅6m、下側にある雌滝は高さ8m、幅6mで、滝そのものはそう大きなものではない。

雄滝は、瓶を傾けたような巨岩のあいだから水がほとばしり、立ちのぼる水煙に日光を受け虹がかかるところから、虹の滝といわれるようになったという。雄滝の上方には竜が住む渕があったが、そのむかし、空海(774-835)が滝に封じこめたという伝説も残っている。竜に結びついた虹の伝説は、日本・中国のいたるところに残されている。

雄滝は「髢(かもじ)の滝」ともよばれる。ここを巡検した高松藩第8代藩主松平頼儀(よりのり)公(1775-1829)は、こんな歌を詠んだ。

髢とも虹とも見ゆる滝なれど　解くもとかれず又消えもせず

髢とは、髪を結う場合に自毛の足りない部分を補う付け髪のこと、この滝を付け髪や虹にたとえている。

著者がここを訪れたときには、虹はかかっていなかった。滝を訪れたときには、虹がかかっているかどうか、どんなふうに見えるか、注意しよう。虹の神話や伝説、虹の俳句や短歌なども調べるとおもしろい。

第5章 虹をつくる、観察する

自然の虹はなかなか見る機会がありませんが、人工的に虹をつくるのはかんたんです。ここでは、ワイングラスでつくる虹、虹ビーズでつくる虹、そしてホースで散水してつくる虹を説明します。それぞれじっさいにやってみてください。多くのことが学べます。また、自然の虹が見えたときの観察ポイントをまとめておきました。

ジョゼフ・マロード・ウィリアム・ターナー
「ゴッタルド峠の悪魔の橋」1804
イエール大学英国美術センター

1—ワイングラスで虹をつくる

第1章で、フラスコや水プリズムで虹をつくる実験についてお話ししましたが、もっと身近なものとして、丸みを帯びたワイングラスなどに水を入れて、太陽の光を当ててみましょう(図5-1)。このときにも虹が現れます。

［手引き］

ワイングラスに水をいっぱい入れた場合と、そうでない場合に違いがあるか。

→どちらも虹が現れるが、その違いは見きわめにくい。定性的観察でよいのだが、違いがわかりにくいときには、丸いフラスコや丸い水槽に水を入れておこなうとよい。

●図5-1　ワイングラスがプリズムとなって虹が現れる

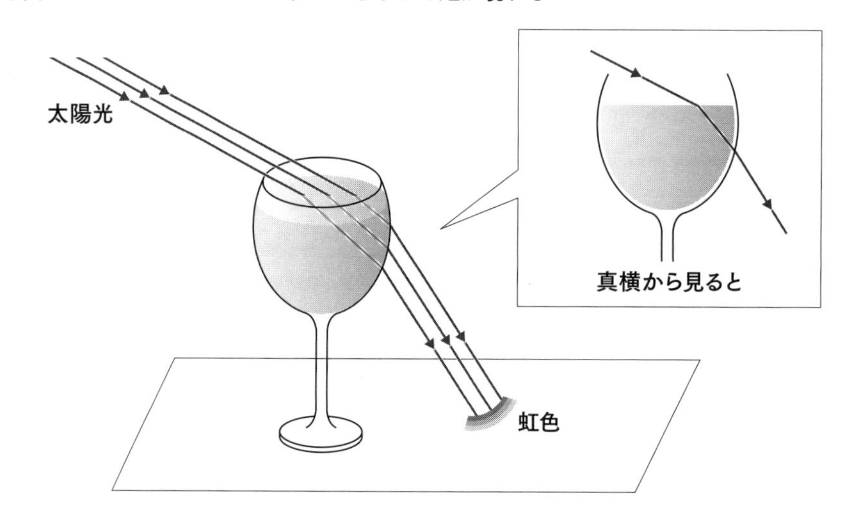

2—虹ビーズで人工虹をつくる

フラスコにしても、とても大きなものです。自然にできる虹は、小さな多数の水滴によるものです。そこで、虹ビーズ(小さな透明ビーズ、プラスチック製とガラス製あり)をもちいて、人工虹をつくることにしましょう(図5-2)。黒画用紙にこの虹ビーズを均一に張りつけて、虹スクリーンとし、これに太陽の光やプロジェクターの光を当てるとよいのです。この虹スクリーンでできる虹は1重で、副虹(ふくにじ)は現れないというのが特徴です。

[手引き]

(1)虹スクリーンを両手にもって、太陽を背にしてその光を当ててみる。虹の形や大きさはどのように変わるか。

→虹スクリーンを遠ざけると大きな虹、近づけると小さな虹が見える。虹スクリーンを太陽の光に直角に置くと、まんまるい虹が見える。

(2)虹スクリーンを何枚かつくって、それらを組み合わせて、大きなスクリーンにすると、どのような虹が見えるか。

→より大きな丸い虹が見える。

(3)水滴でできる自然虹に比べて、虹角(にじかく)の大きさはどうか。2重の虹は見えるか。

→かなり小さく見える。主虹(しゅにじ)しか見えない。

(4)プラスチック、ガラスとも屈折率は水の屈折率より大きい(光学プラスチック＝1.5～1.6、光学ガラス＝1.44～1.9、ソーダ石灰ガラス＝1.51程度)。いま虹ビーズの屈折率が1.5と1.6の場合について、主虹と副虹の虹角を計算してみよう。

→式(1-7)で計算すると、屈折率1.5の場合、主虹の虹角23度、副虹の虹角87度、屈折率1.6の場合、主虹の虹角15度、副虹の虹角103度となる。このことから、屈折率1.5の場合、主虹は水滴による虹の半分程度の大きさになることがわかる。副虹は虹角が大きくなりすぎて視野に入ってこない。屈折率がさらに大きくなると、主虹はもっと小さくなり、副虹は90度の限界を超えて、完全に視野から消える。(3)はこのことから理解できる。

●図5-2　虹スクリーンのつくり方

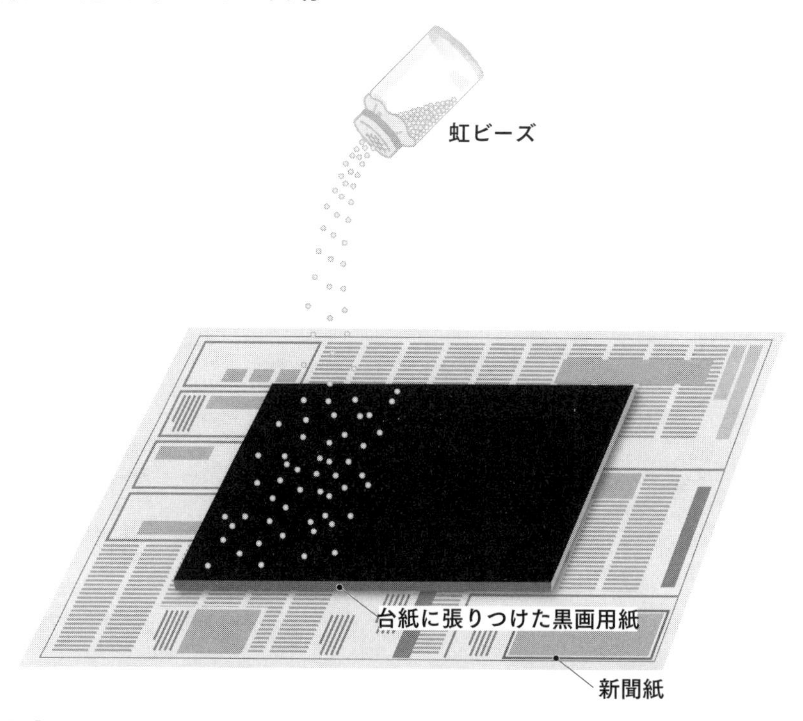

［**準備物**］
虹ビーズ（市販、プラスチック製とガラス製あり、直径２～３mm）、黒画用紙、台紙（段ボールなど）、スプレーのり、小さな容器、ラップ、新聞紙など。
［**製作の手順**］
①台紙に黒画用紙を張る。
②新聞紙の上に、①の黒画用紙を置き、スプレーのりを均一に吹きつける。
③小さな容器にビーズを入れて、口をガーゼなどでふさぐ。これをもちいて、のりのついた黒画用紙に均一に振りかける。黒画用紙の両端を持って、ビーズを転がすようにしていきわたらせる。
④ラップで面を覆って、できあがり。
［**注意**］ビーズが目に入ると角膜を傷つけるので注意する。転がり落ちたビーズは掃除機でよく吸いとる。

(5)虹スクリーンに懐中電灯やろうそくの光を当てると、虹は現れるか。
→同様に、丸い主虹だけは現れる。
(6)［**発展1**］プラスチック製ビーズとガラス製ビーズを同じ割合に混合して、虹スクリーンをつくる。太陽の光、プロジェクターなどの光を当てると、どのような虹が見えるか。

→プラスチック製ビーズとガラス製ビーズでは、屈折率がわずかに違うので、それぞれがつくる主虹の虹角がわずかに違う。結果として2重の虹ができる。ともに主虹であるので、色の配列は同じである。

(7) ［**発展2**］黒画用紙のかわりに、光をよく反射するアルミ板などに、虹ビーズを張りつけて虹スクリーンをつくる。同様に太陽の光、プロジェクターなどの光を当てると、どのような虹が見えるか。

→アルミ板の表面での反射光による虹が加わって、2重の虹が現れる★71（図5-3）。

●図5-3　アルミ板の反射光による虹ができる光の経路

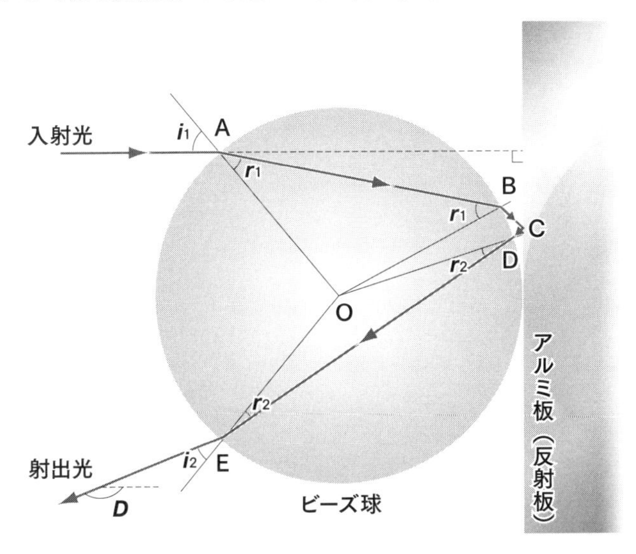

点Aで入射した光は、点Bで一度ビーズ球から出たのち、アルミ板上の点Cで反射し、ふたたび点Dでビーズ球内に入って、点Eから射出する。くわしい計算によると、このときも散乱角Dに極値が存在するので、反射光による虹が現れる。この虹はふつうの虹の内側に現れて、2重の虹となる。散乱角Dを計算してみるとよい。

図のように入射角、屈折角を定めると、散乱角Dは、$D=180^\circ-\phi$で、

$$\phi=2(i_1-r_1)-2(i_2-r_2)、\sin i_1+\sin i_2=2\sin 2(i_1-r_1)$$

で与えられる。さらに、屈折の法則　$\sin i_1=n\sin r_1$、$\sin i_2=n\sin r_2$が成り立つ。したがって、散乱角Dは入射角i_1の関数となっていることがわかる。

3—ホースで散水して虹をつくる

ホースで散水して、自然虹をかんたんにつくることができます(→コラム・虹を探して3)。家族で、クラスで、手伝ってもらうとよいでしょう。

あるいは、滝のあるところに出かける機会があれば、虹が見えるか注意するとよいでしょう。

[手引き]

(1)太陽に対してどの方向にできるか。

→太陽と反対側、太陽を背にする位置から見える。

(2)太陽の高さによって、虹の高さは変わるか。

→夕方、太陽が沈む頃には、やはり高く見える。

(3)庭先で散水して、2階のベランダから観察すると、どのように見えるか。

→水滴は下方にできるので、太陽が上方にある時間帯、正午頃でも虹が見える。
しかも丸い虹となる。

虹を探して3　消防車3台で巨大な虹づくり

著者は、東海テレビの「テレビ博物館」という番組で、消防車3台で放水しての巨大虹づくりにかかわる機会があった。何人かの消防署員のほか、進行役の大桃美代子さん、地域の子ども、保護者、数十人を動員しての規模の大きい企画だった☆4。

本番前日はあいにくの雨、子どもたちはてるてる坊主をつくって、あすの天気を祈った。子どもたちの祈りがつうじたのか、当日は快晴。半円に近い大きな虹をつくるには、太陽が沈む頃をねらわなければならない。虹をつくるのはふたつの高い訓練棟のあいだ。快晴といっても、時折雲がかかる。撮影準備をして、夕方、雲間から太陽が姿を現すのを待ちかまえた。と、晴れ間が広がって太陽が顔を出した。そのときいっせいに3本の消防ホースで、ふたつの訓練棟の高台の両側から放水がはじまった。太陽からの光の方向となるべく直角になるように注意して、水滴のカーテンがつくられた。虹はすぐさま姿を現した。子どもたちは飛びあがって喜んだ。眼がいきいきと輝き、弾けていた。水着を着ている子どもたちは、水滴が滴り落ちる真下にいて、びしょ濡れになって、そこから見える小さな虹をつかみにいったり、虹のトンネルをスキップして、くぐろうとした。少し離れて見ている大人には、ほぼ半円状の巨大虹が現れた。日差しも強くなったので、くっきりと鮮やかであった。太陽がほとんど沈みかけたころ、棟の高台に駆けのぼった。そこから見下ろす虹は、まんまるであった。

天気が崩れた場合には、メインの部分を「夜の虹（ナイトレインボウ）」に差し替えることになっていた。そのため関係者だけで2、3日前から撮影に入った。夜半、放水でつくりだした水滴のスクリーンを巨大投光機で照らしだし、投光機の向きと放水の向き、水滴の粒の大きさなどを調整した。夜空にうっすらと、橙青色のような虹が浮かびあがった。「ムーンボウ」とはこのようなものだろう。神秘さに包まれた。結局、夜の虹は放送されなかったが。

4―自然虹を観察する

自然にできる虹は、いつでも自由には観察できませんが、雨上がりの空に太陽が出ていれば、外に出て観察してみましょう。ふつう、長くても30分もすれば消えてしまうはかないものですので、虹が出たときに備えて、観察ノートを用意しておくとよいでしょう(p.132)。

［手引き］

(1) どのような事項に注意して、観察すればよいか。

→日時と場所、天候などを記録し、さらにつぎのような事項に注意したい。

ア―主虹の色は何色まで識別できたか。

イ―副虹や過剰虹は見えたか。

ウ―主虹と副虹とでは色帯の順序が逆になっていたか。

エ―主虹と副虹とのあいだは暗いか。

オ―虹全体の明るさ、色帯の幅はどうか。

カ―虹の大きさはどうか。太陽の高さとの関係はどうか。

キ―主虹の赤色は虹角42度程度になっているか。

ク―虹の光は偏光しているか。

(2) キの虹角を測定するには、どうすればよいか。

→分度器と細長い棒、糸につけたおもりで、測定器具(図5-4)をつくっておくとよい。水平線に対する虹の高さと太陽の高さを測ると求められる。

(3) クの偏光を確かめるには、どうすればよいか。

→偏光板(図5-5)を通して虹を眺め、偏光板を回転してみる。真っ暗になって虹が見えなくなる位置があれば、虹の光は偏光していることがわかる(付録2、入試問題選、p.141)。

●図5-4　虹角の測定原理と測定器具

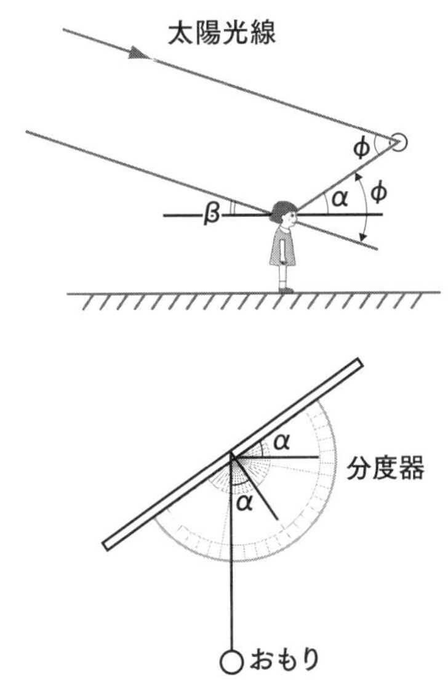

水平線に対する虹の高さαと太陽の高さβを測ると、虹角ϕは$\phi=\alpha+\beta$で求められる。

●図5-5　自然光と偏光板

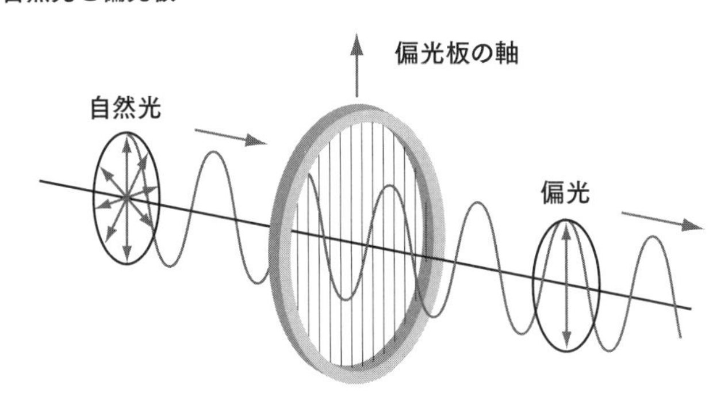

自然光は横波であって、進行方向に直角に360度いずれの方向にも振動している。偏光板は、このうち特定の方向に振動する光のみを通過させる板である。自然光を偏光板に通して見ると、振動面が1方向のみとなった偏光を見ることになる。しかし、虹を偏光板を回転させながら見たとき、虹の光が偏光しているならば、その振動面と偏光板の軸とが直角となるとき、虹の光は通過できないので、暗くなる。

おわりに

みなさん、ここまで虹の見えるしくみと原理を学んできて、その不思議さは氷解しましたか。まだまだ腑に落ちないところがあるのではないでしょうか。

空を見上げると、はてしなく広がる青い空、ぽっかり浮かぶ白い雲、夕立でもあれば、そこに現れる7色の虹……と、なんと美しい光景でありましょう。ところが、これらの現象はみな、太陽の光と大気中の微粒子との散乱で生じることを学びました。青空は大気中の窒素や酸素の分子での散乱から、雲の白色は霧粒での散乱から、そして、虹は水滴での散乱から、それぞれ生みだされたもので、微粒子の大きさが違うだけなのです。そう考えると、虹はけっして特別な現象ではありません。

太陽の光がつくりだす大気現象は、ほかにもあることを学びました。大気中には、水滴が冷やされてできたさまざまの形の氷晶があります。これに太陽の光が当たると、またさまざまな現象をひき起こします。太陽や月のまわりにできる暈(かさ)は、その代表的なものです。

ほかに、人の眼には感じられない現象もひき起こされています。宇宙からやってきた陽子などの宇宙線が、大気上層部で窒素や酸素の原子核に当たって、ミューオン、ニュートリノなどの素粒子をシャワーのように地表に降りそそいでいることも、よく知られています。大気中では、まさにこのような散乱・衝突現象がひっきりなしにひき起こされているのです。

これらさまざまな大気現象のなかで、多くの人がとくに虹に心ひかれるのはどうしてでしょうか。それはほかの現象に比べて、その色の美しさとアーチの雄大さにあることはもちろんですが、もうひとつその儚(はかな)さにあるのではないでしょうか。いつ空を見ても、7色のアーチがかかっているのであれば、いくらきれいで雄大でも、立ち止まって見る人もいなくなるでしょう。

1年のうち何回くらい虹が見られるのかといえば、著者の場合、せいぜい2、3回です。ちなみに昨年(2014年)は、6月にたて続けに2回見ただけでした。1回目は6月はじめのある日、その日は終日、小雨の降るぐずついた天気でした。夕方5時頃になると、雨は小止みになり、西の空の雲間から強い日差しの太陽が顔を出しました。ひょっとしたらと思って東の空を見ると、虹がくっきりとかかっていました。太陽はまだ中天にあったので、虹の大きさは中規模でしたが、鮮やかな虹で、色は4、5色現れていました。その虹の外側にはかすかに副虹も現れていました。ほどなく空一面黒い雲に覆われ、また雨が降りだし、虹は消えてしまいました。雨が止み、太陽がふたたび出ることはありませんでした。

2回目はそれから2、3日した天気のよい日でした。雨など降る気配さえない日でしたが、夕方になると遠雷がかすかに聞こえてきました。太陽は出ているのに、顔にぱらぱら当たる程度の小粒の雨が降ってきました。天気雨とか、通り雨などというのでしょう。東の空を見ると虹がかかっていましたが、薄くぼやけているように見えました。雨はそれ以上降ることなく、その虹はものの5分もしないうちに消えてしまいました。

そう、ほんとうに、虹は儚いことを実感しました。適度に水滴があって、しかも太陽が出ているという条件は、なかなかそろわないのです。この2回とも、外に出ていた人でないと、虹を見ることができなかったことでしょう。室内にいた人が外に飛びだしていって虹を見るというのは、激しい夕立のあと強い日差しの太陽が出たときにかぎられるようにも感じました。虹を観察して、観察記録をつけるというのは、「言うは易く、おこなうは難し」という現実を目の当たりにしました。写真に撮るのも、つねにカメラを持ち歩いていないと難しいことです。

虹のしくみを科学的に理解できたとしても、そのようなしくみが法則として成り立っていることは、またなんと神秘なことでしょう。人の小ささとその知性の偉大さも感じます。みなさんおひとり、おひとりで、なお虹の課題を設け、納得いくまで探究していってください。

ぎず、きちんとした 物理的現象であることを知り その不思議さの
解答を得ることができ、うれしく思っている。 勉強不足のため
少し理解しがたい箇所もあったが、ああ なるほど と 今回
も、また、この現象を 解明するという 古代・近代の 物理学者の
偉大さに、感心させられたのであった。 日常何気なく目にした

虹の授業を終えて
高校生たちのメモから

特殊な虹である。また虹というのは
光線が反射してできる
あらゆる性質を
光の反射・屈折・干渉・回折などの光の
含んだものであることがわかった。これから虹を見る機会が
あれば ゆっくりみてみたい

虹という自然現象が高校Levelの物理で理解することができるというのに、おどろいた。(多少難しくて分からないところもあったが。) しかし、昔の人は よくこんなことを発見できたなあと感心した。空気中に浮かぶ水滴による光の反射、屈折など、そこらの頭では思いつかなかっただろう。そういうわけで、昔の人は偉いと思った。

今まで虹は1つしかないと思っていたが副虹・過剰虹・第1の反射虹・
第2の反射虹などがあるのには驚いた。
二千年以上も前から虹は研究されているらしく、虹の高度や色の配列・
強度・や幅など。普通の人が虹を見たらただ感動するだけだがこのような
ことを考えるとはさすが科学者だなあと思った。
こんど虹を見る時はもっと注意深く見よう。

今まで虹とは
授業をうけて、　一体　何だろうと思っていたが、
気がする。　何となくだが、　幼いころは、　わかってきたような
自転車で走り回ったものだが、虹の足を見つけによく
わけがわかる。　見つけられなかった
現れるからである。　虹は　ある一定の高度にだけ
虹の七色とよく言われるが
見たことは、今までにない。　七色　そろって
ためだと思われる。　おそらく、水滴の直径の
ちょっとしたことに　など　得た知識は　日常
楽しくすると思う。　思い出されて、見るものを

成果があったのではないかと思う。虹に多くの種類があること、光の屈折と反射また干渉、回折に至るまで光全体に関わりがあることなど、言われたことにうなずくだけではあたが興味を引かれるものだった。そして、非日常的と感じられていた物理という分野が非常に日常的であるということを改めて認識させられ、今後の学習に意欲をもたらせるものとなったのも確かである。

最近1度虹を見たが それを正確に数値を使って解析する
などとは考えも及ばなかった。それが今まで習った光波の反射・屈
折 回折等で説明できるというのにも驚かされた。
実に鮮やか かつ論理的に証明・解析するので 15～16
世紀からの研究の素晴らしさがうかがえる。

虹ひとつがこんなにも難しいとは

はついていけない。

物理をひとつ学ぶたびに 世界が

ことがひとつひとつ明らかになって 別の顔

になるのだろうか。

もっと知識をとりいれてから もういち

そっとしておこうと思う。

虹は美しいが、とてもムズカしい

実際の原理というのは何と複雑なのだろう
また、現在でも虹の研究が行われているというのにはびっくりした
虹のあらゆることが分かるのも近いと思うし、それが分かったら
僕たちの虹の見方も変わってくるだろう
これは別の話になるが…… 虹を地上から見ずに上空（飛行機）から
見ると半円でなくきれいな円に見えるらしい
一度でいいから見てみたいと思っている

虹という私たちがいつも平凡に見ているものにでさえもちゃんと物理の法則は働いており これを見つけるのに何人もの人々 何年もの苦労が費やされてきた。そう思うと 人間の出来るだけ自然を法則化しよりよく自然を観察しようという心がよく分かるような気がする。

思わなかった 正直言って 私の頭や知識で

かがって見える。わからなかったり気にもとめていなかった

を見せてくれる。 虹も、また別の見方をするように

ど学んでみたい。今のところは理解できないから

これが私の率直な意見だ。

過剰虹というものを初めて知った。主虹と副虹があるということは知っていたが 副虹の色の順番が主虹と反対であることや、水滴の大きさによって色がちがってくるということなどは知らなかった。

虹の大きさが違うのも、虹の見える時刻によるというのがあまりよく理解できなかった。

●虹の観察ノートの例

観察者（　　　　　　）

<table>
<tr><td>年月日時</td><td colspan="4">年　　月　　日
観察開始時刻　　時　　分
終了時刻　　時　　分</td></tr>
<tr><td>場所</td><td colspan="4"></td></tr>
<tr><td>天候</td><td colspan="2"></td><td>気温</td><td></td></tr>
<tr><td>観察スケッチ</td><td colspan="4"></td></tr>
<tr><td rowspan="3">虹の明るさ、
色の数、
特徴</td><td>主虹</td><td colspan="3"></td></tr>
<tr><td>副虹</td><td colspan="3"></td></tr>
<tr><td>過剰虹</td><td colspan="3"></td></tr>
<tr><td>円輪の大きさ</td><td colspan="4"></td></tr>
<tr><td>虹の高さ</td><td colspan="4"></td></tr>
<tr><td>太陽の高さ</td><td colspan="4"></td></tr>
<tr><td>虹角</td><td colspan="4"></td></tr>
<tr><td>その他</td><td colspan="4"></td></tr>
<tr><td>まとめ</td><td colspan="4"></td></tr>
</table>

付録

1―虹の授業をする人へ
2―虹の入試問題選

虹と光の科学史年表／文献案内

アルブレヒト・デューラー
「Melancolia I」1514

〈付録1〉虹の授業をする人へ

じっさいの授業において、虹をとりあげると、生徒の興味をひくことはまちがいありません。しかし、小･中･高校、あるいは大学などの、どの段階の児童･生徒を対象とするのか、また虹の授業に当てられる時間数によって、その扱い方は変わってきます(表付-1)。

どの段階の児童･生徒であっても、虹をつくる散乱光の虹角(にじかく)、主虹(しゅにじ)の赤色の場合なら、42度であることをきちんと理解させることがポイントになります。その方法としては、水を入れたフラスコなどで虹をつくっての観察や、それにもとづく作図が基本になります。

虹の理解には、光の基本性質の理解がかかわってきますが、その現象をよく理解させることが大事です。現象をよく理解できていれば、虹の不思議や細かい部分の定性的理解はすべての児童･生徒に可能です。ただ、きちんと数値をもちいての定量的理解、数学的計算をともなう理解となると、児童･生徒の発達段階によって大きく取り扱いは違ってくるでしょう。たとえば電磁気学をもちいての計算となると、大学生でも容易にできるものではありません。真の理解に達するにはこういう計算が必要ともいえますが、計算できても物理的意味が理解できていない場合もありますので、注意が必要です。

虹と光の科学史を織りこんでいくと、より興味をひきだし、理解も深まります。

●表付-1　虹の課題と学習の発達段階

虹の課題	光の性質	光学部門	歴史的段階	発達段階でみた対象	
				定性的理解	定量的理解
主虹・副虹の高さ、色の配列	直進・反射・屈折・分散	幾何光学	18世紀初頭	小・中・高・大学生すべて	中・高・大学生
過剰虹	干渉	波動光学	19世紀初頭		高・大学生
虹の色合い	回折・散乱	波動光学	19世紀半ば		大学生
すべて	すべて	電磁気学	19世紀後半		大学生
		量子光学	20世紀～		大学生

数学的計算の不足を補ってもくれます。お話的要素も大事な視点になります。

著者のわたしは、高等学校の物理において、ほぼ毎年虹をとりあげてきましたが、あてられる時間数は1、2時間でした。正課クラブ(必履修)という週1時間の全員いずれか参加の活動があった年には、半年間、12時間あてられたときがありました。

このふたつについて、述べてみます。

◉実践例1　授業・高校物理、2時間、生徒40人

直進・反射・屈折・分散などの光の基本的性質の学習を終えた段階で、その実際問題として虹をしばしばとりあげました。

まず、虹の不思議を問いかけ、生徒にその不思議や体験を発表してもらい、それらを整理します。その後、球形の水滴に太陽光が当たった光線がどう反射、屈折して、地上の観察者の眼に届くか作図しながら、考えます。この光線には2種類あり、これが主虹と副虹(ふくにじ)をつくること、色による屈折率の違いにも注意して、虹角が存在することに注意を向けます。

作図にあたっては、学習プリントを準備しておきます(表付-2)。

ここから、虹の不思議を解き明かしてまとめていきます。デカルトやニュートンなどの業績、愛知敬一、田中館寅士郎というふたりの日本人研究者の業績に触れます。さらに、虹の研究は、こういう古典的な研究だけでなく、その時代ごとの最先端の研究であったことに触れます。

しかし、要領よく進めないと、作図用のプリントなどを準備していても、2時

●表付-2　虹の生徒用学習プリントの例

項目	備考
虹の不思議	
水滴に当たった太陽光線の3次散乱光の道筋と関係式	
水滴に当たった太陽光線の3次散乱光の道筋	作図
散乱角Dと入射点b/aの関係	作図
ニュートンの虹の観察	原典資料
虹の大学入試問題選	

間ではとてもまとめられません。1時間目は、虹の不思議と課題、球形の水滴に当たった光線の反射と屈折の仕方を解説して、じっさいの作業は2時間目までの課題にすることが多かったです。2時間目は前半にその課題を仕上げて、後半にまとめをしました。水滴の大きさを考慮に入れた回折効果による虹の色あいの違いについては、かんたんに触れる程度にとどめました。これについては、課題研究として扱うのが適当だと思われます。

要領よく進めるために、虹の大学入試問題を教材にすることもよくしました。

◉実践例2　高校・正課クラブ活動、生徒5人程度、週1回、前期12時間

正課のクラブ活動(必履修)で、虹をテーマにした年に、12時間ほどの時間がありました。当初につぎのような計画を掲げました(表付-3)。集まった生徒はわずかに5人で、生徒が課題テーマをもち、ゼミ形式で進めましたが、じっさいには半分程度しかできずに終わりました。ニュートンの虹研究では、彼の『光学』(1704)日本語訳から虹の部分を輪読していきましたが、これだけに相当時間がかかりました。エアリーの虹の研究でも、当初原論文の輪読を予定していましたが、日本語訳はなく、英語で、しかも内容がむずかしすぎました。民俗学の立場から見た虹は、とりやめました。虹の入試問題研究は、進学校でもあったので、熱心に取り組めたように思います。

●表付-3 正課クラブ活動での指導計画

	項目	時間
1	虹の現象の理解	1時間
2	ニュートンの虹の研究、輪読会	2時間
3	試験管・ビーカーによる虹の観察	1時間
4	虹の高度と色の理論的考察	2時間
5	虹の入試問題研究	1時間
6	エアリーの虹の研究、輪読会	1時間
7	虹の観察、報告会	2時間
8	民俗学の立場から見た虹	1時間
9	まとめ	1時間

虹を授業にとり入れてみて、子どもの頃から神秘的な現象として心にとどまってた虹の不思議を、光の反射と屈折だけでほぼみごとに解き明かすことができることに生徒の多くが、驚嘆しているようでした。授業終了後の感想には、「いままで、虹といっても何気なく見ていたのに、これだけ多くの問題があるとは思ってもみませんでした」というような感想が数多く見られました(pp.128-131)。しかし反面、「これまで虹に神秘さと夢を感じていたのに、科学で解き明かされてしまって、夢が壊れてしまった」というような感想も一部にありました。

このほか、いろいろな扱い方があると思います。夏休みの自由研究には、虹がよくとりあげられています。こうした児童・生徒の自由研究・課題研究、あるいは科学部・物理部での研究とすれば、掘り下げていくテーマに事欠くことはないでしょう。

〈付録2〉虹の入試問題選

問題例1

雲や雨粒などの空中に浮かぶ水滴に太陽の光が入り、光の進む方向が変わって私たちの眼に入ると、虹が見えることがあります。

ふつうの虹の形は円の一部に見えます。これは図1のように、太陽と反対の方向を中心として、図に示した角度が約40度の円の、地平線より上の部分が見えているからです。

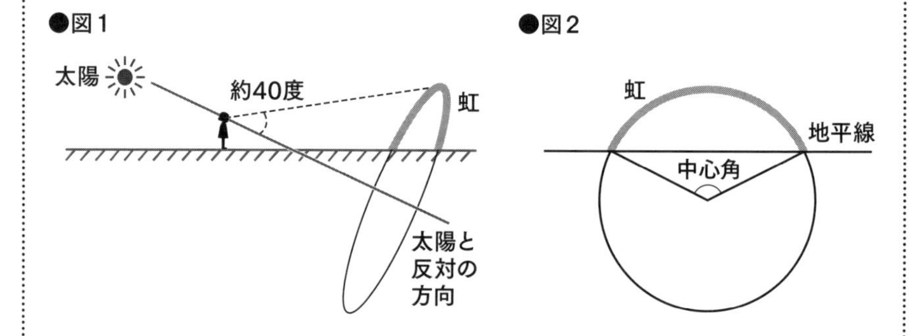

〈問1〉ふつうの虹を平地で見た場合、最大で円のどの範囲まで見ることが可能ですか。扇形の中心角で答えなさい。(図2参照)

〈問2〉上のような理由で見える虹で、完全な円形の虹を見ることができたとしたら、それはどのようなときですか。つぎから可能な場合をひとつ選び、記号で答えなさい。

(ア)海岸の波打ちぎわで見た虹で、太陽の高さが約40度よりも高いとき。

(イ)高いビルの窓から見た虹で、空一面の雨雲に頭の真上だけすきまが開いて、そこから太陽が顔を出したとき。

(ウ)飛行機で一面の雲の上を飛んでいるとき。

〈問3〉夜の虹というものがあります。明るい満月が、図1の太陽のかわりをしてつくります。夜の虹が冬の日本で見えるとしたら、どの方角に何時頃見えるでしょうか。方角と時刻のすべての組み合わせを記号で答えなさい(例オとc)。

方角：(ア)東　(イ)西　(ウ)南　(エ)北

時刻：(a)午後7時頃　(b)午前5時頃

〈問4〉日本付近の春と秋の天気は、西から東へと変わります。その季節に、朝に虹が見えた場合、夕方に虹が見えた場合、あとの天気は、それぞれどうなると考えられますか。正しいものをひとつ選びなさい。

(ア)朝虹のあとは天気がよくなり、夕虹のあとも天気がよくなる。

(イ)朝虹のあとは天気がよくなり、夕虹のあとは天気が悪くなる。

(ウ)朝虹のあとは天気が悪くなり、夕虹のあとは天気がよくなる。

(エ)朝虹のあとは天気が悪くなり、夕虹のあとも天気が悪くなる。

［灘中学校］

[解答]〈問1〉180度　〈問2〉ウ　〈問3〉アとb、イとa　〈問4〉ウ

[手引き]〈問4〉に関して、「朝虹は雨の兆し、夕虹は晴れの兆し」などという言い伝えが全国にある。四国地方には「朝の虹には傘を持て、夕の虹には鎌を研げ」というのがある。朝虹は西にできる。したがって西に雨が降っている。天気が移ってきてやがて雨になるので、傘を持ての意。夕虹は東にできる。したがって東に雨が降っている。その雨は東に移っていくので、天気はよくなる。あすにしっかり仕事ができるように鎌を研いでおけの意。

問題例2

〈問1〉次の文中の空欄(ア)〜(ウ)に相当する適切な式を書き、また、空欄①〜③に相当する数値を求めよ。数値の計算には文章末尾の表、正弦関数の値と近似式をもちい、答えの小数点以下を四捨五入せよ。さらに〈問2〉と〈問3〉の問いに答えよ。

虹は、太陽光が空中に浮かぶ多くの水滴の内部で反射されるときに見られる現象である。図1は、水平方向から入射し、球状の水滴内で反射された太陽光線中の、ある特定の色(波長)の光が進む経路を示したものである(反射光の経路は、水滴の中心Oと入射光線をふくむ平面内にある)。

●図1

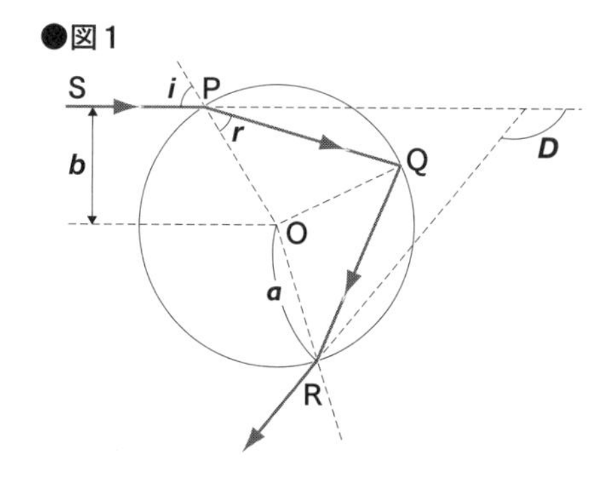

いま、水滴の半径を a とし、光線は水滴の中心軸(入射方向に平行で、中心Oを通る軸)から距離 b ($\leqq a$)のところに入射したとすると、図から比 $\frac{b}{a}$ は入射角 i をもちい、(ア)と表される。また、屈折の法則により、水の屈折率 n、入射角 i、屈折角 r をふくむ関係式(イ)が成立する。さらに、入射の方向に対して反射光が水滴から出ていく角度を D とすると、D は i と r をもちい、(ウ)と表される。

図1の特定の色の光が赤色光である場合を考えよう。(ア)、(イ)、(ウ)から、太陽光線が $b=\frac{7}{8}a$ のところに入射した場合、$n=1.33$ として、$r=$(①)度、$D=$(②)度となる。比 $\frac{b}{a}$ をいろいろ変えながら D の計算をくりかえすと、D は $\frac{b}{a}$ の関数として、$\frac{b}{a}\fallingdotseq\frac{7}{8}$ に極小値をもつことがわかる。この極小値の近傍では、$\frac{b}{a}$ の値を多少変えても D の値はあまり変化しない。このことから、D が(②)の値をとる方向に強い反射光が現れることが予想される。

図2に示すように、この強い反射光は、太陽を背にした観測者の眼には、眼の位置を頂点とし、円錐の角 $\phi=$(③)度をもつ直円錐の表面に沿って入ってくるので、観測者は上空に赤色光の円形の輪(アーチ)を見ることになる。

●図2

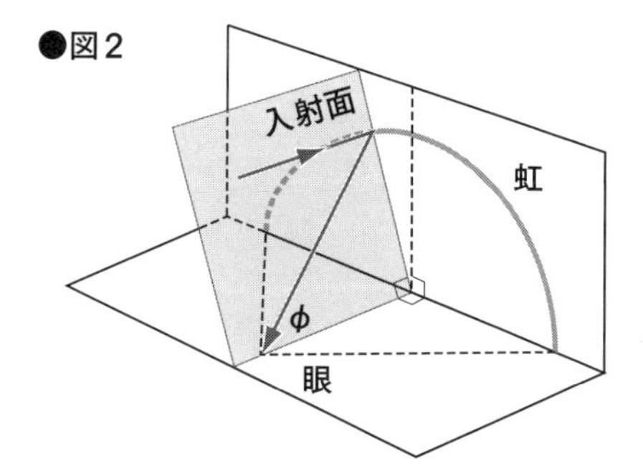

〈問2〉水の屈折率は、光の色によってわずかに変化する。たとえば、赤色光の$n=1.33$に対し、紫色光に対するnは1.34である。そのため、図1で経路SPを通って入射した太陽光線中の紫色光は、水滴に入射後、赤色光とは異なる経路を通って反射される。図1の経路を赤色光の進む経路として図を描き写したうえ、赤色光との違いがわかるように紫色光の経路を描き入れよ。また、観測者に見える紫色光のアーチは、赤色光の内側にあるか、外側にあるか、答えよ。

〈問3〉光は横波であり、図1の入射光線は、経路SPQRをふくむ面内で振動する偏光と、この面に垂直に振動する偏光の2成分が、同じ割合で混じったものとみることができる(別の見方では、入射光線は、進行方向に垂直ないろいろな振動方向の偏光を成分としてふくむと見なされるが、ここではそのような見方をしない)。以下、偏光は、その振動方向が入射光、反射光および屈折光をふくむ面に平行か垂直かで、それぞれ、平行偏光または垂直偏光とよぶことにする。水滴に入射後、平行と垂直の両偏光の割合は、点Pと点Rにおける屈折のさいあまり変わらない。しかし、一般に、点Qにおける反射のさいにはその割合が変化する。

図3のグラフは、水中の光が水と空気との境界面に入射したのち、反射光と屈折光に分かれる現象を、平行偏光と垂直偏光のそれぞれの場合について調べた結果である。図で、グラフの横軸は入射角iを、縦軸は入射光が反射される割合(反射率)を表す(反射率は、光の色の違いによってほとんど影響を受けない)。この図とrの値(①)を考慮するとき、図2に示した入射面内を進んでくる虹の光は、どのような偏光成分をもつと考えられるか。また、それはどのような方法で確かめられるか、簡潔に述べよ。

●図3

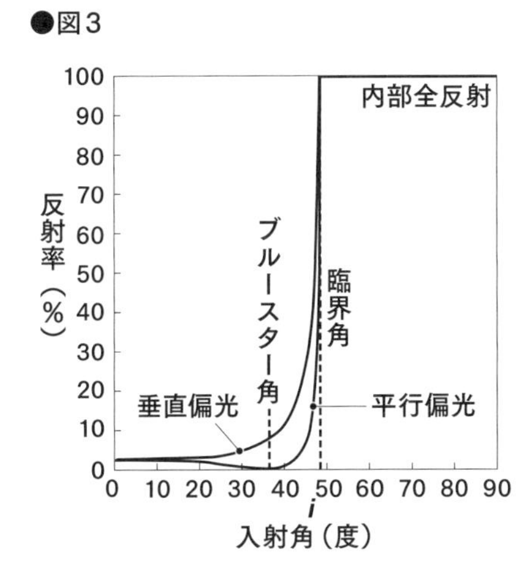

●正弦関数の値と近似式（xの単位は度）

x	$\sin x$	x	$\sin x$	x	$\sin x$
60	0.8660	70	0.9397	80	0.9848
61	0.8746	71	0.9455	81	0.9877
62	0.8829	72	0.9511	82	0.9903
63	0.8910	73	0.9563	83	0.9925
64	0.8988	74	0.9636	84	0.9945
65	0.9063	75	0.9659	85	0.9962
66	0.9135	76	0.9703	86	0.9976
67	0.9205	77	0.9744	87	0.9986
68	0.9272	78	0.9781	88	0.9994
69	0.9336	79	0.9816	89	0.9998

$30^\circ < x < 60^\circ$ の場合、$\sin x \fallingdotseq 0.707 \times \left\{1 + 3.14 \times \left(\dfrac{x - 45^\circ}{180^\circ}\right)\right\}$ ［東北大学］

［**解答**］〈問1〉（ア）$\sin i$　（イ）$n = \dfrac{\sin i}{\sin r}$　（ウ）$D = 180^\circ - 4r + 2i$

①（イ）より、$\sin r = \dfrac{\sin i}{n} = \dfrac{b}{na} = \dfrac{7}{8} \cdot \dfrac{1}{1.33} = 0.6578$

一方、与えられた近似式より、$\sin r = 0.707 \times \left(1 + 3.14 \times \dfrac{r - 45^\circ}{180^\circ}\right)$

両式より、$r = 45^\circ - 3.99^\circ = 41^\circ$

②（ア）より、$\sin i = \dfrac{b}{a} = \dfrac{7}{8} = 0.875$、$i = 61^\circ$

（ウ）の式に代入して、

$D = 180^\circ - 4 \times 41^\circ + 2 \times 61^\circ = 138^\circ$

③ $\phi = 180^\circ - 138^\circ = 42^\circ$

〈問2〉内側

紫色光の経路は右図。

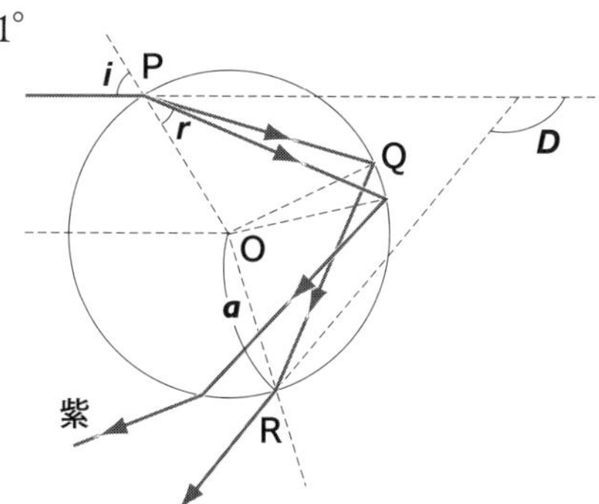

〈問3〉垂直偏光

成分結晶の主軸がわかっている偏光板をもちいることによって、偏光の方向が確かめられる（p.125、図5-5）。

［**手引き**］計算が必要だが、穴埋め式になっているので、図を見ながらよく考えることが大切である。この種の問題は毎年出題されている。計算力と直感力を問う理系大学向け入試問題。

問題例3

つぎの文章を読み、下の問いに答えよ。

アリストテレスが、虹を説明するにあたって基本においたのは、光の反射現象である。鏡越しに物体の形や色が見えるのは、今日なら、物体から出た光が鏡の表面で反射してわれわれの眼に入るからと考えるが、アリストテレスにあっては、われわれの眼から出る視線というものを考えて、これが鏡の表面で反射して物体に届くと物体が見えると考えた。光の進む向きが、今日の考えとは正反対である。

アリストテレスが言うには、われわれの視線はすべての平滑な面で反射されるが、その面が、われわれの視線ではそれ以上に分割できないほどに小さい場合には、色は反射できるが、形は反射されない。反射が小さすぎて、形にならないからである。

反射は、鏡のような固体だけでなく、空気や水のようなものでも起こる。ただ、空気の場合には、たまたま濃縮している場合に限られる。水が小さな水滴となって空中に散らばっているような場合でも、そのひとつひとつは眼に見えないが、全体が連続しているので、一定の大きさの形が見られることになり、同時に一定の色が現れる。これが虹である。

アリストテレスは「くらい」物体の表面で反射した輝く光、あるいは「くらい」物体の中を通ってきた輝く光は、赤をつくると考えた。そして、水はその本性上「くらい」物体とした。したがって、水滴で反射した光は赤になる。これが主虹(しゅにじ)の外側にはっきり見える赤の帯である。それなら、青や緑の他の色はどうして現れるのだろうか。「視線がいっそう強いとき白い色は赤に変わるが、これが少し弱くなると緑に変わり、さらに弱くなると青になる」。つまり、光の反射で、赤がまず現れるが、ほかのふたつの色は、視線の強さという主観的現象によるものと説明した。赤、緑、青の三色を基本においたが、ただときに、白い雲が緑のとなりに近づいてくると、そこに黄が現れることがあるとした。

それでは、副虹（ふくにじ）はどうして現れ、主虹に比べて色が薄く、しかも色帯の順序が主虹と反対なのだろうか。「これらの現象は、われわれが遠くの物体を見るとき、視線は延びるにしたがって弱くなるのと同じである。つまり、外側の虹からの反射は、いっそう遠くからの反射であるので、いっそう弱いが、そのためそれが太陽に達することがひじょうに少なくて、色はますます薄く見えるのである」。要するに、副虹は主虹の反射によって起こるという説明である。したがって、副虹は主虹に比べて色が薄く、かつ色帯の順序が反対ということになる。

（中略）

ロジャー・ベーコンもまた、主著『大著作』第六部で虹をとりあげ、その第2章から第12章まで延々と持論を展開している。

まず、彼は実際に虹を観察した結果、虹が地平線上方に出現しうる究極の高度は42度であることをはじめてあきらかにした。太陽が地平線上、つまり日出や日没にあるときは、虹は最高の高さにある。その結果、このとき虹は半円として現れるが、太陽が地平線から昇るにつれて、押し下げられて、虹の見える部分が少なくなるという、すでにアリストテレスが述べたことをより明確にした。

つぎに、ベーコンは、虹が生じる原因へと考察を進め、4つの柱を建てている。つまり、

甲（問2へ）

第1の問題に関しては、虹と観測者の随伴運動に言及し、虹は反射によってのみ生じるとしている。観測者が虹のほうに動くならば虹は退く、虹から遠ざかれば虹はついてくる。横に動けば、虹も横に動く。さらに、虹は観察者の人数に応じて異なって見える。たとえばふたりの観測者がいて、いっしょに北にある虹を見て立ち、ひとりが西に動くならば虹は彼と平行に動く。もうひとりが東に動けば、虹も同じ向きに動く。虹というものは、ふたりの観測者が同一の虹を見ることは不可能なのである。

このことから、ベーコンは虹は太陽の反射光線によってのみ生じるとした。もし、屈折光線や直射光線によるのであれば、虹は雲中のひとつの場所に固定されたものになってしまい、それは観測者の運動や彼らの人数に応じて変化することはないからである。

（中略）

第2の問題に関しては、ベーコンは、虹は太陽の像が連続してひとつになったものであると述べている。つまり、無数の小さな水滴は、間隔なしに落下しているので、遠くからは連続しているように見える。したがって、太陽の像は水滴の数だけ見えるのではなく、連続してひとつに見える。

第3の問題、色の多様性については、当時露を帯びた雲の多様性から起こると考えられていた。つまり、雲の質料がより濃密であるほどより黒く見えるが、あまり濃密でなければ、順次、青色、緑色、赤色が見える。そして、ずっと希薄であれば白になると考えられていた。ベーコンは、ここで、虹のそれぞれの色は見かけ上生成するものであり、雲の質料の濃密さや希薄さは関係ないとした。

第4の問題、虹の形について、ベーコンは、まず「虹の形についてはきわめて多くの困難がある」と述べ、その形は「中空の円錐形」ではなく「円状のアーチ形」でなければならないとした。

「虹のひとつの円内に一方の端から他方の端へ同一の色が現れるとき、太陽光線に対してもまた眼に対してもすべての部分が同一の位置をもっていなければならない。しかるにそのような同一性をもつ位置は、諸部分の等しい傾斜のゆえに、円形においてのみありうる」と述べた。

ベーコンは、「完全な経験」を根底におき、観察によって虹の究極の高度が42度であることをあきらかにした。このことは評価されるが、虹の原因を光の直射、反射、屈折のうちひとつだけに帰せようとしたことは、批判されなければならぬ。

（西條敏美『虹——その文化と科学』恒星社厚生閣による）

〈問1〉アリストテレスの説明によって描かれた虹に関する下の図のA、Bに入る語句およびア〜カに入る色の組み合せとして、もっとも適当なものを下の①〜⑥のうちから選べ。なお、この図においては、主虹・副虹が観察されており、観察者Kはより近くのものに強い視線を送っているものとする。

	A	B	ア	イ	ウ	エ	オ	カ
①	主虹	副虹	赤	緑	青	青	緑	赤
②	副虹	主虹	青	緑	赤	赤	緑	青
③	主虹	副虹	赤	緑	青	赤	緑	青
④	副虹	主虹	青	緑	赤	青	緑	赤
⑤	主虹	副虹	青	緑	赤	青	緑	赤
⑥	副虹	主虹	赤	緑	青	青	緑	赤

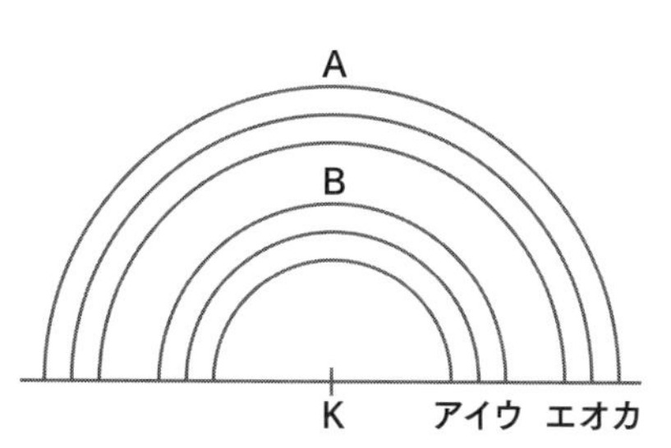

〈問2〉本文中の空欄甲には、ベーコンが「4つの柱」として建てた4つの問題が入る。空欄甲に入るベーコンが建てた4つの問題点として、本文の内容に合致しないものをつぎの①〜⑤のうちからひとつ選べ。

①虹は太陽の像なのか

②観測者の運動と虹の変化について

③虹が生じるのは直射光線によるのか、それとも反射によるのか、それとも屈折によるのか

④形状の多様性と原因について

⑤雲自身のうちに真の色が存在するのか

〈問3〉本文の内容と合致するものを、つぎの①〜⑤のうちからひとつ選べ。

①アリストテレスの考え方によれば、条件が整えば空気や水でも反射は起こるが、視線によって分割できない小さな対象では反射は起こらない。

②ベーコンの実験結果によれば、虹が最高の高さに見えるのは太陽が観測者から42度の高度にあるときである。

③ベーコンは、観測者の移動や人数によって虹の位置が変化することを根

拠として、虹が屈折光線や直射光線でないことを示した。

④アリストテレスとベーコンは、虹とは水滴で反射した光が観測者に到達したものであるという点では見解が一致している。

⑤アリストテレスの考え方によれば、水は本性上「くらい」物体であるので水に反射した光は赤になるが、ほかの黄、緑、青は視線の強さという観測者の主観的現象によって現れる。

［Wセミナー大学入試センター対応適性試験、実力養成編模擬試験問題］

［解答］〈問1〉⑥　〈問2〉②　〈問3〉③

［手引き］〈問1〉「外側の虹からの反射は、いっそう遠くからの反射であるので、いっそう弱いが、そのため色はますます薄く見える」との説明から、観察者からより遠くにある「外側の虹」が副虹である。したがって、Aが副虹、Bが主虹。「視線がいっそう強いとき白い色は赤に変わるが、これが少し弱くなると緑に変わり、さらに弱くなると青になる」との説明から、主虹の色は観察者から近い順に、ア＝赤、イ＝緑、ウ＝青となる。「副虹は色帯の順序が反対ということになる」との説明から、エ＝青、オ＝緑、カ＝赤となる。

〈問2〉説明文から、第1の問題は③、第2の問題は①、第3の問題は⑤、第4の問題は④の各柱を表していることがわかる。したがって、合致しないものは②。

〈問3〉①「視線によって分割できない小さな対象では反射が起こらない」が誤り。②「太陽が観察者から42度の高度にあるとき」が誤り。④「水滴で反射した光が……」が誤り。アリストテレスはそう考えていない。⑤黄を「視線の強さという観測者の主観的現象によって現れる」が誤り。黄は主観的現象に加えて、「白い雲」の到来が必要と説明されている。

虹についてのアリストテレス（→コラム・虹と科学者2）とロジャー・ベーコンの見解を紹介しているが、いずれもその後に得られた正しい見解と異なるので、注意してその見解をよく理解して、答えることが大切である。読解力を問う文系大学向け入試対策問題。

[虹と光の科学史年表]

年代	人物	事項(『　』は書物、「　」は論文)
前4世紀	アリストテレス	虹を観察・記録し、水滴への光の反射で説明、3色(赤、緑、紫)しか認めず 『気象論』
前4世紀	ユークリッド	光の直進、反射の法則 「光について」
前2世紀	アポロニウス	「円錐曲線論」
1世紀	セネカ	アリストテレスと対比して、虹の原因を論ずる 『自然研究』
1世紀	ヘロン	光の反射の法則
2世紀	プトレマイオス	光の屈折実験
3世紀	アレキサンダー	暗帯の発見
10世紀	アルハーゼン	屈折を考慮 『光学法典』
12世紀	ロバート・グロステスト	屈折を考慮 『虹について』
13世紀	ロジャー・ベーコン	これまでの虹の観察記録を集大成.虹の高度も正確に記載 『大著作』
13世紀	フライブルグのテオドリクス	近代的理論を提唱.太陽光が水滴に屈折して入り、ついで1回または2回内部反射し、水滴から屈折して射出し、観察者の眼に達するとした.水を入れたガラス球をもちいて虹のモデル実験をおこなう 『虹について』
1611	アントニオ・デ・ドミニス	テオドリクスと同じ虹の理論を提唱する 『視線と光線、ならびに虹について』刊
1620	ケプラー	全反射の発見 『屈折光学』刊
1620	スネル	光の屈折の法則
1620頃	デカルト	光の屈折の法則
1637	デカルト	テオドリクスと同じ虹の理論を詳細な考察と実験で提唱.虹の色の問題をのぞいて究明する 『屈折光学』刊
1640	パスカル	「円錐曲線試論」
1651	ギルバート	『我ら月下界についての新哲学』死後刊
1660頃	グリマルディ	光の回折現象
1661	フェルマー	フェルマーの原理、光の直進・反射・屈折の説明
1665	フック	『ミクログラフィア』刊
1666	ニュートン	光の分散
1669	バールトリン	方解石の複屈折

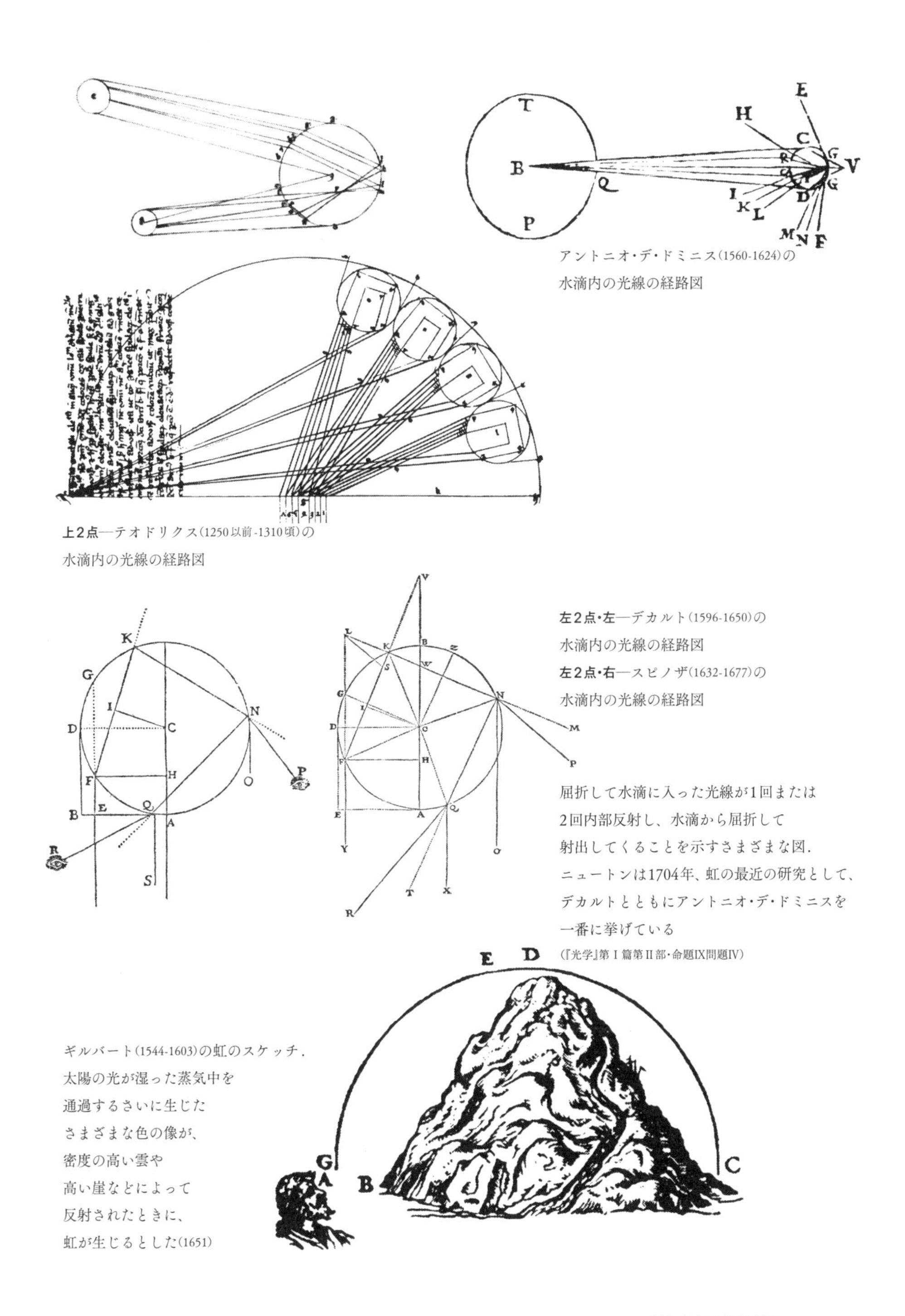

アントニオ・デ・ドミニス(1560-1624)の
水滴内の光線の経路図

上2点—テオドリクス(1250以前-1310頃)の
水滴内の光線の経路図

左2点・左—デカルト(1596-1650)の
水滴内の光線の経路図
左2点・右—スピノザ(1632-1677)の
水滴内の光線の経路図

屈折して水滴に入った光線が1回または
2回内部反射し、水滴から屈折して
射出してくることを示すさまざまな図.
ニュートンは1704年、虹の最近の研究として、
デカルトとともにアントニオ・デ・ドミニスを
一番に挙げている
(『光学』第Ⅰ篇第Ⅱ部・命題Ⅸ問題Ⅳ)

ギルバート(1544-1603)の虹のスケッチ.
太陽の光が湿った蒸気中を
通過するさいに生じた
さまざまな色の像が、
密度の高い雲や
高い崖などによって
反射されたときに、
虹が生じるとした(1651)

1675	ニュートン	ニュートン環
1675	スピノザ	虹を代数的計算で検証する 『虹の代数的計算』
1678	ホイヘンス	光の波動説
1690	ホイヘンス	『光についての論考』刊
1704	ニュートン	虹の色の問題を解決して、幾何光学的虹の理論が完成する 『光学』刊
1772	プリーストリー	『視覚、光、色に関する発見の歴史と現状』刊
1801	ヤング	光の干渉実験、波動説、3原色の説
1804	ヤング	光の干渉理論によって、過剰虹の説明に成功する
1808	マリュス	反射による偏光の発見
1810	ゲーテ	『色彩論』刊
1815	ブルースター	偏光角の法則
1815	フレネル	光の回折、偏光の波動論
1818	ポアソン	ポアソンの輝点
1835	ポッター	虹光線を焦線として解釈
1838	エアリー	光の回折理論による波動光学的虹の理論を創設する
1841	ミラー	エアリーの理論の実験的検証
1841	ガウス	『幾何光学的理論』刊
1861	マクスウェル	電磁場の方程式、光の電磁場説
1871	レイリー	レイリー散乱、空の青色の説明
1877	ローレンス、 ローレンツ	光の分散公式
1888	ボイテル	エアリーの虹の理論を発展
1888	ラーモア	エアリーの虹の理論を発展
1888	ブルフリッヒ	エアリーの虹の理論を実験的検証
1889	マスカルト	エアリーの虹の理論を発展
1897	パーンター	虹の色の問題をマクスウェルの電磁理論で詳細に研究する
1897	J.J.トムソン	電子の発見
1898	ローレンツ	エアリーの虹の理論を発展
1904	愛知敬一と 田中館寅士郎	太陽を円光源として、エアリーの理論を完成する
1905	アインシュタイン	光量子説
1908	ミー	ミー散乱

1937	ファン·デル·ポールとブレメル	虹の複素角運動量理論を創設．ワトソン変換を虹に適用、極限においてエアリーの理論が得られることを示す
1964	フンドハウゼンとパウリ	原子虹を観測する
1969	ナッセンツバイク	ワトソン変換を改良し、虹に適用する
1974	ゴールドベルク	原子核の虹を観測する
1975	カー	虹の3つの理論(マクスウェルの電磁理論による厳密解、エアリーの理論、複素角運動量理論)を詳細に比較する
2014	大久保茂男と平林義治	原子核の副虹を発見する

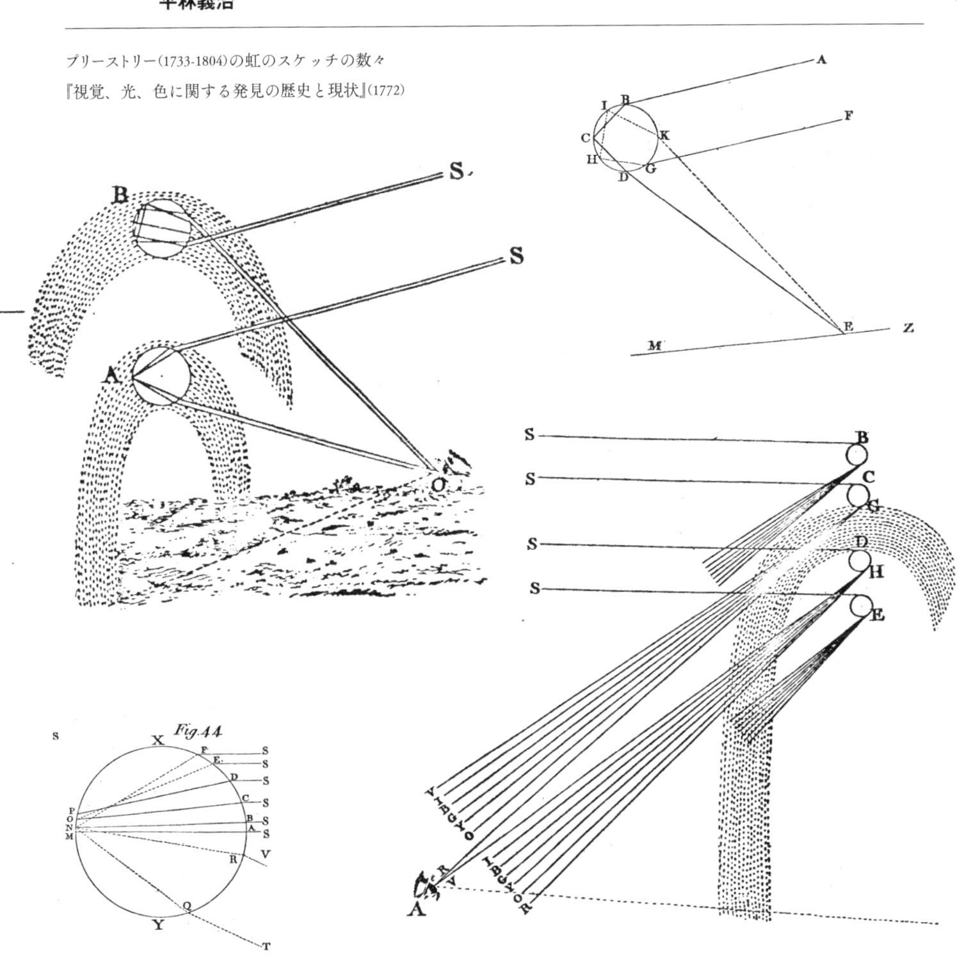

プリーストリー(1733-1804)の虹のスケッチの数々
『視覚、光、色に関する発見の歴史と現状』(1772)

[文献案内]

虹の文献の数はおびただしいので，眼にとまった文献のみ挙げる(区分は便宜上)．これ以上の文献については，とくに文献1, 2, 3, 24などの末尾の一覧を参照されたい．古い原著論文はネット上でも閲覧・入手できることが多い．通し番号の一部は本編の割注★☆に対応．

虹一般

★1—西條敏美『虹——その文化と科学』(恒星社厚生閣，1999)．
文化から科学まで虹全般を扱う．100余篇の文献案内つき．

★2—C. B. Boyer: *The Rainbow, From Myth to Mathematics* (Sagamore Press, 1959, Princeton Univ. Press, 1987)．
神話の時代から数学的理論が完成するまで(1904年の愛知敬一・田中館寅士郎まで)を扱う．150余篇の文献案内と500の注つき．

★3—R. L. Lee and A. B. Fraser: *The Rainbow Bridge, Rainbow in Art, Myth, and Science* (The Pennsylvania State Univ. Press, 2001)．
650余篇の文献案内つき．

★4—R. Greenler著，小口高・渡邊堯訳『太陽からの贈りもの——虹，ハロ，光輪，蜃気楼』(丸善，1992)．
ただし，虹以外の大気光学現象も扱う．

★5—M. Minnaert: *The Nature of Light and Colour in the Open Air* (Dover, 1954)．

★6—ナッセンツバイク著，小口高訳「虹の理論」，『日経サイエンス』1977年6月号，pp. 82-94.
虹の古典論から現代理論までの，数式なしのすぐれた解説．原著H. M. Nussenzveig: "The theory of the rainbow", *Scientific American*, 236, 116-127 (1977)．

★7—中谷宇吉郎「虹」，中谷宇吉郎集7 (岩波書店，2001)，pp. 23-43. 初出は『虹』第1号(実業之日本社，1947)．
雪博士による図解つきの名エッセイ．光を波動と考えての色あいの問題まで，虹を理解することの奥深さが伝わってくる．

★8—真島秀行「虹に見える漸近解析」，『数学通信』第7巻，第2号，4-23 (2002)．

★9—H. C. van de Hulst: *Light Scattering by Small Particles* (Dover, 1981)．
微粒子による光の散乱を扱った好著．Optics of a Raindropの章あり．

★10—J. D. Walker: "Multiple rainbows from single drops of water and other liquids", *American Journal of Physics*, Vol. 44, No. 5, 421-433 (1976)．

虹の写真集

虹の写真を中心にした本としては，たとえばつぎがある．

★11—高橋真澄写真，杉山久仁彦文『虹物語』(青菁社，2007)．

★12—秋月さやか文，高橋真澄写真『虹』(青菁社，1998)．

★13—高砂淳二『虹の星』(小学館，2008)．
世界中を巡って撮った虹の写真集．ほかに『night rainbow 祝福の虹』(小学館，2003)，『Children of the Rainbow』(小学館，2011)，『夜の虹の向こうへ』(小学館，2012)．虹4部作．

★14—池田圭一・服部貴昭『水滴と氷晶がつくりだす空の虹色ハンドブック』(文一総合出版，2013)．

★15—斎藤文一文，武田康男写真『空の色と光の図鑑』(草思社，1995)．

過剰虹

★16—山本郁夫「過剰虹の干渉理論について」，『物理教育』第51巻，第2号，104-106 (2003)．

★17—浜崎修「過剰虹の実験とマイコンによる計算」，『物理教育』第31巻，第4号，197-200 (1983)．

★18—田中昭夫「ガラス円柱によるレーザー光線の干渉実験」,『物理教育』第32巻, 第4号, 271-274 (1984).
★19—J. H. Pratt:"The Supernumerary Bows in the Rainbow arise from Interference", *Philosophical Magazine*, Vol. 4, V. 78-86 (1853).

エアリーの虹の理論

★20—柴田清孝『光の気象学』応用気象学シリーズ1 (朝倉書店, 1999), pp. 19-27, 付録A-1, pp. 159-163.
虹についての記述あり. 付録では散乱光の強度計算の過程も示されている.
★21—藤原咲平『気象光学』岩波講座物理学及び化学・宇宙物理学ⅠC (岩波書店, 1931), pp. 135-148,「エアリーの虹の理論」.
★22—沢田孝士「藤原咲平氏の虹の波面方程式に就いて」,『日本物理学会誌』第6巻, 第5号, 290-291 (1951).
★23—沢田孝士「Airyの虹の理論に関する諸考察」,『学芸(北海道教育大学)』第2部, 第3巻, 第2号, 80-83(1952).
★24—D. Hammer:"Airy's Theory of the Rainbow", *Journal of the Franklin Institute*, CLVI, 335-349 (1903).

虹の現代理論

★25—John A. Adam:"The mathematical physics of rainbows and glories", *Physics Reports*, 356 (Elsevier Science, 2002), pp.229-365.
虹の複素角運動量理論までの虹の数学的理論のくわしい報告. 250あまりの文献案内つき.
★26—大久保茂男「原子核の虹散乱と核構造」,『素粒子論研究』第119巻, 第4B号, E106-E115 (2012).
★27—大久保茂男「虹,核虹＝湯川虹からまなぶ理論物理学」,『素粒子論研究』第117巻, 第4号, 119-121(2009).

光学・光学史

★28—小林浩一『光の物理——光はなぜ屈折, 反射, 散乱するのか』(東京大学出版会, 2002).
ほとんど数式抜きで物理的意味がていねいに説明されている.
★29—ヘクト著, 尾崎義治・朝倉利光訳『ヘクト光学』全3巻(丸善, 2002-2003).
図や写真を多用し, 実験的基礎がていねいに書かれている.
★30—高木秀男『光の探求史』(科学堂, 1995).

虹をつくる

★31—伊知地国夫『つくろう虹の不思議な世界——光と色の実験』ガリレオ工房のおもしろ実験クラブ10 (ポプラ社, 1999).
★32—板倉聖宣・遠藤郁夫『虹をつくる——虹の見え方と光の性質』いたずら博士の科学だいすきⅡ(小峰書店, 2014).

虹の神話・伝説・美術・文学・文化など

★33—安間清『虹の話——比較民俗学的研究』(おりじん書房, 1978).
★34—大林太良『銀河の道 虹の架け橋』(小学館, 1999).
★35—岡田温司『虹の西洋美術史』ちくまプリマー新書(筑摩書房, 2012).
★36—荻野恭茂『虹と日本文藝——資料と研究』椙山女学園大学研究叢書26 (あるむ, 2007).
★37—杉山久仁彦『図説 虹の文化史』(河出書房新社, 2013).
東西古今のめずらしい図版を多数収めた大著. 虹の科学史研究の手引きにもなる.

雨・雨滴・気象に関するもの

★38—小口知宏「雨滴について」,『電波研究所ニュース』第91号, 10(1983).

★39―B. J. メイソン著，大田正次・内田英治訳『雲と雨の物理』(総合科学出版，1968).
★40―根本順吉『図説気象学』(朝倉書店，1982).
★41―浅井冨雄・新田尚・松野太郎『基礎気象学』(朝倉書店，2000).

古典論文・著作など

コラム科学史，年表などで挙げた古典論文・著作として，つぎがある.

★42―アリストテレス著，泉治典訳『気象論』アリストテレス全集5（岩波書店，1969)，三浦要訳『気象論』新版アリストテレス全集6（岩波書店，近刊).
　第3巻で虹論
★43―エウクレイデス著，高橋憲一訳「オプティカ」，エウクレイデス全集4（東京大学出版会，2010).
★44―グロステスト著，須藤和夫訳「虹について」，キリスト教神秘主義著作集3(教文社，2000).
　ほかに「光について」「色について」所収.
★45―ロジャー・ベーコン著，高橋憲一訳『大著作』科学の名著3（朝日出版社，1980).
　第6部「経験学」で虹論.
★46―Stephen P. Kramer: *Theodoric's Rainbow*（W H Freeman & Co, 1995).
★47―スピノザ著，渡辺義雄訳「虹の代数的計算」，『科学史研究』第23号，26-30（1952).
★48―ガリレオ著，山田慶児・谷泰訳『偽金鑑識官』世界の名著21（中央公論社，1973).
★49―デカルト著，赤木昭三訳『気象学』デカルト著作集1（白水社，1973).
　第8講で虹論.
★50―ホイヘンス著，安藤正人ほか3名訳『光についての論考』科学の名著II-10（朝日出版社，1989).
★51―ニュートン著，島尾永康訳『光学』岩波文庫(岩波書店，1983).
　ほかに，堀伸夫・田中一郎訳(槇書店，1980)，田中一郎訳，科学の名著6（朝日出版社，1981).
★52―J. Priestley: *The History and Present State of Discoveries relating to Vision, Light and Colours*, London, 1772. reprinted Kraus Reprint Co. , 1978.
　800ページを超える大著. pp. 588-595，Period VI，Sec. VIII. に，Observations on the Rainbowがある.
★53―ヤング著，吉田守訳「物理光学に関する実験と計算」，大野陽朗監修『近代科学の源流――物理学篇3』(北大図書刊行会，1977).
　「III 過剰虹への応用」の部分は訳されていない. 原著　T. Young: "The Bakerian Lecture. Experiments and Calculations relative to Physical Optics", *Philosophical Transactions of the Royal Society of London*, Part1, 1-16(1804).
★54―G. B. Airy: "On the Intensity of Light in Neighbourhood of a Caustic", *Transactions of the Cambridge Philosophical Society*, Vol. 6, Part3, 379-402（1838).
★55―K. Aichi and T. Tanakadate: "Theory of the Rainbow due to a Circular Source of Light", *Philosophical Magazine*, S. 6, Vol. 8, No. 47, 598-610（1904).
★56―K. Aichi and T. Tanakadate: "Theory of the Rainbow due to a Circular Source of Light", *Journal of the College of Science*, Imperial University Tokyo, Vol. XXL, Art. 3, 1-34（1906).
★57―愛知敬一・田中館寅士郎「虹の説」，『東洋学芸雑誌』第23巻，第299号，331-335（1906).
★58―S. Ohkubo and Y. Hirabayashi: "Evidence for a secondary bow in Newton's zero-order nuclear rainbow", *Physical Review*, C89, 1-5（2014).

つぎには，デカルト，ホイヘンス，ニュートン，ヤングなどの古典論文の抄訳が収められている.

★59―A. A. E. マッケンジー著，増田幸夫・高橋毅訳『科学者のなしとげたこと2』(共立出版，1974)，第12章「光の波動説」.
★60―G シュウォルツ・P. ビショップ著，菅井準一・八杉龍一ほか訳『科学の歴史1』(河出書房新社，1962)，第5

章「科学革命」.
★61—大野陽朗監修『近代科学の源流——物理学篇3』(北大図書刊行会, 1977), 第1部「光の本性の探究」.
★62—渡辺正雄ほか7名『デカルト, フック, ホイヘンスの光学』(資料),『科学史研究』第117号, 39-48 (1976).
★63—W. F. Magic:*A Source Book in Physics*, Source Books in the History of the Sciences (Harvard Univ.Press, 1935). Lightの章. すべて英語訳.

虹の教材研究・授業研究

★64—大野友朗・和田侑子・奥沢誠「理科教育における虹教材の活用——教材研究と科学教室での実践」,『群馬大学教育実践研究』第25号, 74-84 (2008).
★65—山本明利「虹を追いかけて」,『物理教育』第48巻, 第3号, 227-233 (2000).
★66—高橋正雄・渡部雅俊・阿部俊也「虹の輪の中に」,『物理教育』第54巻, 第2号, 83-86 (2006).
★67—阿部竜太郎・菊地永一郎・高橋正雄「デカルトと虹の研究」,『神奈川工科大学研究紀要 理工学編B』第37号, 83-84 (2013).
★68—高田恭史「虹の理論の歴史的変遷と過剰虹——過剰虹の教材化を目指して」,『2008年度物理領域卒業研究・修士論文発表会(愛知教育大学)』(2008).
★69—西條敏美「科学史における虹の理論とその教材化」,『徳島県高等学校理科学会誌』第30号, 7-13 (1989), のち『理科教育と科学史』(大学教育出版, 2005)所収.
★70—西條敏美「三重の虹は見えないか」,『徳島中央科学』第2号, 29-37 (2002).
★71—片桐泉「二重・四重の人工虹の発見と授業への活用」,『物理教育』第47巻, 第6号, 334-337 (1999).
★72—板倉聖宣『虹は七色か六色か——真理と教育の問題を考える』ミニ授業書(仮説社, 2003).
★73—阪口真・松浦壮「虹に関する学生実験について」,『慶應義塾大学日吉紀要 自然科学』第52号, 49-58(2012).
★74—沖山義光・茶圓幸子・阿部真由美「特別教育プログラム『虹の数学』:試行一年目の実践報告(第45回全附連高等学校教育研究大会報告)」,『研究紀要(お茶の水女子大学)』第50巻, 7-21 (2004).
高大連携教育の一環として附属高等学校で実践した「虹の数学」の報告.
★75—森川幾太郎「虹の仕組みを調べる——角の発展学習として」,『実践研究:数学教育実践研究会研究紀要』第16号, 8-17 (2003).

付記—虹のテレビ放送番組

注意していると, 虹をとりあげたテレビ番組もしばしば放送されている. 最近の番組ではつぎが眼にとまった.

☆1—「虹の橋」, 大科学実験40回, NHK・Eテレ, 2014年1月4日放送.
小さなガラス玉を敷きつめた高さ4mの板に, 太陽光による虹をつくり, その虹の橋の上を歩く.
☆2—「巨大虹を作ろう」, やってみようなんでも実験, NHK・教育テレビ, 1996年6月20日放送.
何本ものホースから散水して, 太陽光による巨大虹づくり.
☆3—「光と虹」, 高校講座・物理, NHK・教育テレビ, 2005年10月7日放送, 翌年以降も再放送あり.
☆4—「虹のホントの姿は丸かった——七色の不思議」, テレビ博物館1096回, 東海テレビ, 2001年8月26日放送.
消防車3台を使って放水し, 太陽光によるでっかい虹づくりにチャレンジ. 著者出演.
☆5—「虹——色と形のフシギ」, くりぴつ(子ども向け科学番組), 東海テレビ, 2011年2月6日放送.
ホースで散水して, 太陽光による虹づくり. 投光機による夜の虹. 高橋正雄教授(神奈川工科大学)出演.
☆6—「ムーンボウ(月夜に出る虹)」, ギミア・ぶれいく, TBS, 1992年3月17日放送.
ハワイでのムーンボウ撮影ドキュメンタリー.
☆7—「"虹の島"世界一の雨に迫る——ハワイ・カウアイ島」, グレートネイチャー, NHK・BS1, 2012年2月14日放送.
1年のうち360日雨の降る地でのナイトレインボウ(ムーンボウ)撮影ドキュメンタリー.

あとがき

15年前に著者は、『虹――その文化と科学』(1999)という本を恒星社厚生閣から出していただきました。この本はわりあい多くの方のご支持を得て、読まれているようです。そのためもあってか、毎年夏頃になると、テレビ局や新聞社からも虹の不思議に関して、しばしば問い合わせをいただくようになりました。しかし、この本は副題のとおり、虹を文化と科学の両面から扱っていて盛りだくさんの内容であるため、虹の科学についてもことば足らずで、内容もかなり難しくなりました。機会があれば、虹のしくみを解き明かすことだけを目的にして、やさしく書きなおしてみたいという思いを抱いていました。

ところが、昨2013年8月、不思議なご縁で太郎次郎社エディタスから、「ひと」BOOKSという授業シリーズの1冊として虹の本を書かないかというお話をいただきました。この拙著を見たうえでの依頼であったようでした。依頼は、即答でお受けしました。

過去の蓄積があるとはいえ、書き下ろしで原稿を書くというのははじめての経験でした。これまでに他社から何冊かの本を出していただいていましたが、原稿はすべて一度、雑誌での連載や発表を2、3年、場合によれば10年以上おこなったうえで、全体を統一し、さらに1年程度の推敲を経てなっていました。

このシリーズ本のねらいを受けとめ、ご意見やご希望をお聞きしながら構想を練りました。先生と数人の生徒を登場させて、その授業ぶりを演出し、参観者である読者のみなさんに聴講してもらう形式と、読者のみなさんにじかに語る形式とふたつ考えましたが、後者の形式としました。元教師の著者にとって、後者の形式であれば、授業をしている気持ちで書けばよく、自然に思えたのです。これまでだれもが感じてきた虹の不思議をなるべく数式を使わず、作図や実験を中心にわかりやすく解き明かすように話を進めました。目標を波動光学的な虹の理解までとし、虹の現代理論は最後に触れる程度にしましたし、レーザー光を使っての定量的な実験は除外しました。虹の科学史に関することは、コラムを設けて原典に語ってもらうことにしました。

むかしの授業記録を引っぱりだしてなつかしんでみたり、ニュートン、ヤング、エアリーなどの虹の古典論文を読みなおしていると、おもしろくなってきて、執筆を中断させられることもありましたが、楽しんで書き、1年足らずで原稿を仕上げることができました。

この間、編集を担当された漆谷伸人氏は、内容の細かい部分にいたるまで、ご提案やご教示をくださり、著者として思いもしなかったことをつぎつぎと引きだしてくださいました。遅筆な著者をたびたび励まし、気持ちをあらたにさせてもくださいました。

できあがった完全稿をいま読んでみると、やはり、ことば足らずのところが多々見受けられます。図や数式の物理的意味をもっと噛みくだいてていねいに記述すべきだったと思われます。光の基本性質の説明やコラムを多く設けたことは本書の特徴にはなりましたが、反面、まわりくどくなったかもしれません。

できばえはともあれ、旧著とともに、本書を多くの人に読んでいただけるならうれしいことです。虹の不思議を解き明かす参考にしていただきたいですし、学校の先生方には授業をする手引きにしていただけるならば幸せです。

最後に、本づくりにかかわったみなさまに厚くお礼を申し上げます。虹の情報をお寄せくださった方々、めずらしい虹の写真をご提供くださった方々、制作スタッフの方々、その他多くの方々のご協力とご支援で本書はできあがりました。ありがとうございました。

2015年1月

西條敏美

［著者紹介］

西條敏美（さいじょう・としみ）

1950年、徳島県生まれ。物理教師として、徳島県の公立高校に35年間勤める。2011年定年退職。山間の村で育った幼少時代、たびたび虹に出会い、虹の根元はどうなっているのか興味をもつ。大人になってからは虹に気づかない日々を送っていたが、ある朝、ひときわ美しい虹に出会って心を奪われる。以来、虹に魅了され、科学から文化にわたるまで、広く虹を研究している。著書に、『虹――その文化と科学』『測り方の科学史』『単位の成り立ち』（以上、恒星社厚生閣）、『理科教育と科学史』（大学教育出版）、『物理定数とは何か』（講談社ブルーバックス）、『若き命の墓標』（花伝社）など多数。

「ひと」BOOKS

授業 虹の科学――光の原理から人工虹のつくり方まで

2015年1月25日　初版印刷
2015年2月15日　初版発行

著者 ………………西條敏美
ブックデザイン………佐藤篤司
発行者 ……………北山理子
発行所 ……………株式会社太郎次郎社エディタス
東京都文京区本郷4-3-4-3F　〒113-0033
（2015年3月に移転予定。電話・FAXは変更ありません）
電話03-3815-0605
FAX 03-3815-0698
http://www.tarojiro.co.jp/
電子メール tarojiro@tarojiro.co.jp
印刷・製本 …………シナノ書籍印刷
定価 ………………カバーに表示してあります

編集協力 …………渡部美奈子
図版制作 …………副田和泉子

ISBN978-4-8118-0779-9　C0044

【本のご案内】

遠山啓のコペルニクスからニュートンまで

遠山啓＝著、遠藤豊・榊忠男・森毅＝監修

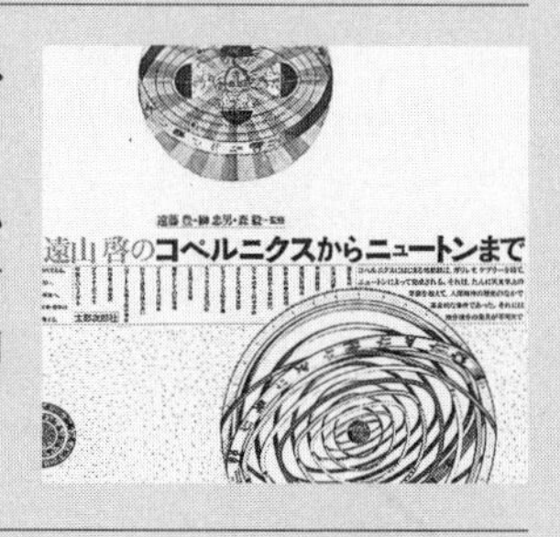

力学的世界観が形成されていく過程を、哲学・芸術・社会とのかかわりを背景に語った「話しことばの科学史」。地動説の成立に不可欠であった微分積分の思考と方法を鮮やかに描く。当時の貴重図版も100点以上収録。

AB判上製・208ページ・3500円

好評続刊中！

科学読物シリーズ

結城千代子・田中幸＝著
西岡千晶＝絵

01　粒でできた世界

ストローでジュースを飲めるのは、無数の粒の働きのおかげ！？肉眼では見えないけれど、あらゆるものをつくる粒、原子。その世界を2枚のスケッチを手がかりに探究し、ジュースを押し上げる力の正体に迫る。原子と大気圧をめぐる物語。　112ページ

02　空気は踊る

古来、人間は風の神秘さに惹かれ、その力を利用してきた。風はどのように生まれ、どこから吹いてくるのか。風が起こるメカニズムと利用方法を尋ね、空気が動くときに現れる真空の謎を解き明かす。変幻自在、世界を旅する空気の話。　96ページ

03　摩擦のしわざ

マッチで火がつくのも、バイオリンが鳴るのも、人が歩けるのも、すべて摩擦のしわざ。日常のいろんな場面に顔を出すこの現象に、多くの人々が魅せられてきた。その解明は科学の歴史そのもの。あると困る、なくても困る、謎めく力「摩擦」の探究。
112ページ

四六判上製・1500円＋税（各巻共通）